马铃薯科学与技术丛书

马铃薯文化

主　编　张尚智
副主编　党雄英

马铃薯科学与技术丛书
总 主 编：杨　声
副总主编：韩黎明　刘大江

图书在版编目(CIP)数据

马铃薯文化/张尚智主编. —武汉：武汉大学出版社，2016.8
马铃薯科学与技术丛书
ISBN 978-7-307-18358-2

Ⅰ.马… Ⅱ.张… Ⅲ.马铃薯—文化 Ⅳ.S532-05

中国版本图书馆 CIP 数据核字(2016)第 181760 号

责任编辑:任仕元　　责任校对:李孟潇　　版式设计:马　佳

出版发行：武汉大学出版社　(430072　武昌　珞珈山)
(电子邮件：cbs22@whu.edu.cn　网址：www.wdp.com.cn)
印刷:武汉中科兴业印务有限公司
开本：787×1092　1/16　印张:6.5　字数:155 千字　插页:1
版次:2016 年 8 月第 1 版　　2016 年 8 月第 1 次印刷
ISBN 978-7-307-18358-2　　定价:15.00 元

总　序

马铃薯是全球仅次于小麦、水稻和玉米的第四大主要粮食作物。它的人工栽培历史最早可追溯到公元前8世纪到5世纪的南美地区。大约在17世纪中期引入我国，到19世纪已在我国很多地方落地生根，目前全国种植面积约500万公顷，总产量9 000万吨，中国已成为世界上最大的马铃薯生产国之一。中国人对马铃薯具有深厚的感情，在漫长的传统农耕时代，马铃薯作为赖以果腹的主要粮食作物，使无数中国人受益。如今，马铃薯又以其丰富的营养价值，成为中国饮食烹饪文化不可或缺的部分。马铃薯产业已是当今世界最具发展前景的朝阳产业之一。

在中国，一个以“苦瘠甲于天下”的地方与马铃薯结下了无法割舍的机缘，它就是地处黄土高原腹地的甘肃定西。定西市是中国农学会命名的“中国马铃薯之乡”，得天独厚的地理环境和自然条件使其成为中国乃至世界马铃薯最佳适种区，其马铃薯产量和质量在全国均处于一流水平。20世纪90年代，当地政府调整农业产业结构，大力实施“洋芋工程”，扩大马铃薯种植面积，不仅解决了群众温饱，而且增加了农民收入。进入21世纪以来，定西市实施打造“中国薯都”战略，加快产业升级，马铃薯产业成为带动经济增长、推动富民强市、影响辐射全国迈向世界的新兴产业。马铃薯是定西市享誉全国的一张亮丽名片。目前，定西市是全国马铃薯三大主产区之一，建成了全国最大的脱毒种薯繁育基地、全国重要的商品薯生产基地和薯制品加工基地。自1996年以来，定西市马铃薯产业已经跨越了自给自足，走过了规模扩张和产业培育两大阶段，目前正在加速向“中国薯都”新阶段迈进。近20年来，定西马铃薯种植面积由100万亩发展到300多万亩，总产量由不足100万吨提高到500万吨以上；发展过程由“洋芋工程”提升为“产业开发”；地域品牌由“中国马铃薯之乡”正向“中国薯都”嬗变；功能效用由解决农民基本温饱跃升为繁荣城乡经济的特色支柱产业。

2011年，我受组织委派，有幸来到定西师范高等专科学校任职。定西师范高等专科学校作为一所师范类专科院校，适逢国家提出师范教育由二级（专科、本科）向一级（本科）过渡，这种专科层次的师范学校必将退出历史舞台，学校面临调整转型、谋求生存的巨大挑战。我们在谋划学校未来发展蓝图和方略时清醒地认识到，作为一所地方高校，必须以瞄准当地支柱产业为切入点，从服务区域经济发展的高度科学定位自身的办学方向，为地方社会经济发展积极培养合格人才，主动为地方经济建设服务。学校通过认真研究论证，认为马铃薯作为定西市第一大支柱产业，在产量和数量方面已经奠定了在全国范围内的“薯都”地位，但是科技含量的不足与精深加工的落后必然影响到产业链的升级。而实现马铃薯产业从规模扩张向质量效益提升的转变，从初级加工向精深加工、循环利用转变，必须依赖于科技和人才的支持。基于学校现有的教学资源、师资力量、实验设施和管理水平等优势，不仅在打造“中国薯都”上应该有所作为，而且一定会大有作为。

因此提出了在我校创办“马铃薯生产加工”专业的设想，并获申办成功，在全国高校尚属首创。我校自2011年申办成功“马铃薯生产加工”专业以来，已经实现了连续3届招生，担任教学任务的教师下田地，进企业，查资料，自编教材、讲义，开展了比较系统的良种繁育、规模化种植、配方施肥、病虫害综合防治、全程机械化作业、精深加工等方面的教学，积累了比较丰富的教学经验，第一届学生已经完成学业走向社会，我校“马铃薯生产加工”专业建设已经趋于完善和成熟。

这套“马铃薯科学与技术丛书”就是我们在开展“马铃薯生产加工”专业建设和教学过程中结出的丰硕成果，它凝聚了老师们四年来的辛勤探索和超群智慧。丛书系统阐述了马铃薯从种植到加工、从产品到产业的基本原理和技术，全面介绍了马铃薯的起源与栽培历史、生物学特性、优良品种和脱毒种薯繁育、栽培育种、病虫害防治、资源化利用、质量检测、仓储运销技术，既有实践经验和实用技术的推广，又有文化传承和理论上的创新。在编写过程中，一是突出实用性，在理论指导的前提下，尽量针对生产需要选择内容，传递信息，讲解方法，突出实用技术的传授；二是突出引导性，尽量选择来自生产第一线的成功经验和鲜活案例，引导读者和学生在阅读、分析的过程中获得启迪与发现；三是突出文化传承，将马铃薯文化资源通过应用技术的嫁接和科学方法的渗透为马铃薯产业创新服务，力图以文化的凝聚力、渗透力和辐射力增强马铃薯产业的人文影响力和核心竞争力，以期实现马铃薯产业发展与马铃薯产业文化的良性互动。

本套丛书在编写过程中得到了甘肃农业大学毕阳教授、甘肃省农科院王一航研究员、甘肃省定西市科技局高占彪研究员、甘肃省定西市农科院杨俊丰研究员等农业专家的指导和帮助，并对最终定稿进行了认真评审论证。定西市安定区马铃薯经销协会、定西农夫薯园马铃薯脱毒快繁有限公司对丛书编写出版给予了大力支持。在丛书付梓出版之际，对他们的鼎力支持和辛勤付出表示衷心感谢。本套丛书的出版，将有助于大专院校、科研单位、生产企业和农业管理部门从事马铃薯研究、生产、开发、推广人员加深对马铃薯科学的认识，提高马铃薯生产加工的技术技能。丛书可作为高职高专院校、中等职业学校相关专业的系列教材，同时也可作为马铃薯生产企业、种植农户、生产职工和农民的培训教材或参考用书。

是为序。

杨声

2015年3月于定西

杨声：

“马铃薯科学与技术丛书”总主编

甘肃中医药大学党委副书记

定西师范高等专科学校党委书记　教授

前　言

马铃薯是仅次于小麦、水稻和玉米的全球第四大粮食作物。近代考古学家在靠近秘鲁利马的奇卡盆地发掘出了马铃薯残枝和块茎，用碳 14 测定表明，距今约有 8000 年的历史。

农耕文明、工业文明、饮食文明等是人类文明主要的组成部分。美国著名环境史学家、乔治城大学历史系和外交学院环境与国际事务讲席教授约翰 · R. 麦克尼尔说："马铃薯曾经以剧烈的方式改变了世界历史。"而因马铃薯绝收引发的爱尔兰大饥荒、大灾难是作物改变历史最典型的一个范例。

本书试图通过对马铃薯起源地与传播途径的探源，通过对马铃薯农业、工业、商贸、科教、饮食等产业文化的分析，对马铃薯文学艺术作品的归类整理，发现马铃薯伴随人类发展的历史变迁轨迹，体味其相互影响、协同进化的神奇成就。

本书在编写过程中得到了定西师范高等专科学校领导、同事、朋友的大力支持和帮助。同时，编写过程中参考和引用了国内外许多教材、期刊文献、网络资料图片，在此一并表示衷心感谢！

由于编者水平有限，书中定有不少缺点和错误，恳请广大同仁和读者提出宝贵意见，以便今后修改完善。

张尚智

2016 年 5 月

目　录

第一章　马铃薯文化概论

“文化”二字在甲骨文中就已出现。“文”字之形是一个纹身的人体，本义为花纹或纹理。《易·系辞下》：“物相杂，故曰交。”《礼记·乐记》：“无色成文而不乱。”《说文解字》：“文，错画也，象交文。”后来引申为包括语言文学在内的各种象征符号，进而具体化为文物典籍、礼乐制度、文彩装饰、人文修养等。“化”字之形，像二人一正一反，本义为改易、生成、造化。《易·系辞下》：“男女构精，万物化生。”引申为变化、教化。如图 1-1 所示。

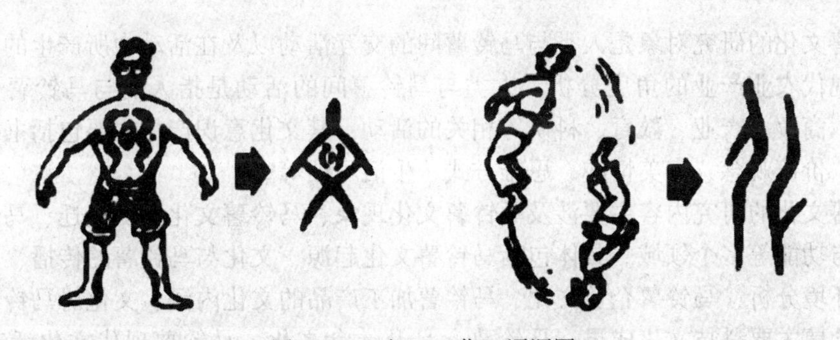

图 1-1　“文”、“化”词源图

“文”、“化”并用最早见于战国儒生编辑的《易·贲卦·彖传》：“观乎天文，以察时变；观乎人文，以化成天下。”西汉时，文、化已合为一词，如刘向《说苑·指武篇》：“凡武之兴，为不服也；文化不改，然后诛之。”后又有王融“设神理以景俗，敷文化以柔道”（《三月三日曲水诗序》）一说。从以上两个用法看出，我国古代最早的“文化”概念是文治与教化的意思。其文化观是一种以人为本、以道德伦理为纲的文化观。

现代“文化”一词是外来的语汇，英语为“culture”，德语为“kultur”，它们均来自拉丁语的“cultura”，含有神明崇拜、耕种、练习、动植物培养及精神修养等意思。我国古代的“文化”偏重精神教化，而西方的“culture”则更多地展现由物质生产活动到精神生产活动。18 世纪以后，“culture”在西方语言中演化成个人的素养、整个社会的知识、思想方面的成就、艺术和学术作品的汇集等含义，并被引申为一定时代、一定地区的全部社会生活内容。

词源学分析结果，“文化”具备双重意义：一方面，人对土地的耕作，这是外在自然的人化；另一方面，通过教育和培养使人具有理想公民的素质，这是内在自然的人化。

一、马铃薯文化的概念

文化是人类在其社会历史发展中不断创造、总结、积累下来的物质财富与精神财富的总和，它是一种历史现象，是历史发展的体现。狭义的文化是指意识形态所创造的精神财富，包括宗教、信仰、风俗习惯、道德情操、学术思想、文学艺术、科学技术、各种制度等。

马铃薯文化与人类文明的进程同步前行。从公元前8000年前，印第安人的祖先在海拔3 000多米的中部安第斯高原发现野生马铃薯，经过一代代的精心培育，创造了与“玉米文化”齐名的“马铃薯文化”，使人们不但有了稳定的食物来源，还腾出一部分时间和精力用于创造马铃薯文化产品，丰富了人们的精神世界，促进了马铃薯文化的起源与发展。

马铃薯文化是以马铃薯、马铃薯产品以及相关活动为载体，研究马铃薯与人类相互依存、相互影响的发展轨迹与历史脉络，总结人们在马铃薯生产和应用过程中创造并积累的物质财富、精神世界与情感体验的表达。其内涵主要包括马铃薯物态文化、制度文化、行为文化以及心态文化等。

二、马铃薯文化的研究内容

马铃薯文化的研究对象是人类与马铃薯间的交互活动以及在活动中所产生的文化意识产品。从现代农业产业的角度分析，人类与马铃薯间的活动是指人们与马铃薯生产、加工、储运、商贸、产业、教育、科研等相关的活动；其文化意识产品主要包括书籍、文学艺术作品、价值观念、审美情趣、思维方式、生活习惯等。

马铃薯文化的研究内容主要涉及马铃薯文化现象、马铃薯文化历史变迁、马铃薯文化社会价值与功能等多个领域。具体包括马铃薯文化起源、文化与马铃薯的传播、马铃薯主产地人文环境分析、马铃薯企业文化、马铃薯加工产品的文化内涵、文化对马铃薯贸易的影响、马铃薯主要科技文化成果、马铃薯食品及饮食文化、马铃薯现代文化活动（民俗节庆会展、主题文学艺术作品创作、文化产品开发）等。

三、马铃薯文化的研究方法

马铃薯文化的研究主要以社会学方法为主，需要多法并用、相互交叉。最常用的研究方法主要有以下几种：

（1）文献资料法：借助图书、报纸、杂志、网络、新闻媒体等大量文献资料来进行研究综述或文献学特征的分析与研究。

（2）社会调查法：通过深入农业主管部门、科研院所、企业公司、生产基地、行业协会等地方，来总结成功的、先进的经验，发现突出矛盾或共性问题。

（3）实践实训法：通过广泛参与到企业公司、生产基地、节会等生产、实践、活动中，获得最直接的经验与体验。

（4）比较研究法：通过对马铃薯在某些领域的纵向比较、横向比较、国内外比较等方法来揭示出其特征与规律，引发人们进一步深入的思考，确定下一步行为。

（5）个案研究法：指对某个马铃薯品种的历史研究，对马铃薯某个企业、产业、专家学者等活动的追踪调查与研究等。

四、马铃薯文化的价值及意义

通过对马铃薯文化的研究，挖掘马铃薯与人类相互交往过程中的情感寄托和精神依赖，增强人们对马铃薯及其各种衍生产品的文化认同与消费导向，达到既推动马铃薯产业发展又使人们精神愉悦的双重境界。具体可归纳为以下几个方面：

1. 马铃薯文化的经济价值

文化是巨大的生产力，马铃薯文化也不例外。马铃薯文化的经济价值包括马铃薯文化的创意（创造）力和生产力两个层面或两大领域，这是当今马铃薯文化产业的主要内涵与实质，也是马铃薯文化最具影响力的方面。马铃薯文化作为一种精神力量，能在人们与马铃薯相关的各种实践过程中转化为物质力量，进而影响到马铃薯产业的产、供、销、研等各个环节，能够带来巨大的经济效益。主要体现在以下几方面：

(1) 促进马铃薯产业发展。通过马铃薯年会、地方马铃薯节等，进行产业宣传、规模扩张、技术推广；通过民间马铃薯小吃、马铃薯烹饪大赛、新型马铃薯食品的开发，增加马铃薯的膳食消费；通过马铃薯的精深加工、马铃薯保健品开发，开拓马铃薯新的市场空间。

(2) 提高马铃薯企业效益。有效的企业文化具有导向、约束、凝聚、激励、辐射、品牌等多种功能。构建马铃薯企业文化，可有效推动企业实现社会价值，提升企业的社会公众形象，获得社会的认同，并最终获得社会效益与经济效益。

(3) 丰富马铃薯产品文化内涵，提升马铃薯产品的文化认同。使人们在享受马铃薯产品营养的过程中，进一步了解产品的加工工艺，领会产品的历史背景、产品的包装等各种文化元素，进而对产品在情感上建立归属感、产生依赖性，最终扩大产品销量。

2. 马铃薯文化的教育价值

文化作为载体，具有历史传承和教化功能。在人类对马铃薯科技知识、生产加工技术、标准制度等文化精神成果的发现、建立与创造过程中，马铃薯文化极大地丰富了人们的精神世界，提升了劳动者的素质，促进了人的全面健康发展。

3. 马铃薯文化的审美价值

作为生物体的马铃薯，其花、叶、块茎、果实等都具有观赏价值。马铃薯题材的文学艺术、书法绘画作品，诗词歌赋，民间艺术，以及生态旅游活动等，都具有美化心灵、陶冶情操的功能。

4. 马铃薯文化的娱乐价值

马铃薯文学艺术作品的创造，如马铃薯生产、加工以及烹饪比赛、竞赛等活动，都能起到调节人们心理、愉悦人们身心的功效。

第二章　马铃薯历史文化

第一节　马铃薯古代文化的起源

一、马铃薯的史前遗迹

马铃薯的遗迹很少。在智利收集到的野生马铃薯的标本，其碳 14 鉴定年代距今 13 000年（D. Ugent 等，1987），且在安第斯山脉的几个山洞中也有 10 000 年前马铃薯采集的遗迹（Grun，1990）。迄今发现的最古老的驯化马铃薯遗迹来自于距今 7 000 年前秘鲁的齐尔卡峡谷（Chilca Canyon）地区（Hawkes，1990）和距今 4 000 年前的凯斯马（Casma）河谷（Ugent 等，1982）。

D. 尤津特（Ugent，1988）对马铃薯起源地进行了近 30 年断断续续的考古学研究，在秘鲁沿海沙漠地带发现了多处马铃薯遗迹。在他之前，也有一些马铃薯考古学遗迹的报道，如奇尔卡峡谷遗址（公元前 8 000 年）、瓦伊努马遗址（距今 4 000 年）、利亚马斯草原遗址（距今 3 500~3 800 年）、托图加斯遗址（距今 3 500~3 800 年）、拉斯海尔达斯遗址（距今 3 200~3 600 年）、的的喀喀湖遗址（距今约 2 400 年）、帕查卡马克遗址（距今 500~1 000 年）、拉森蒂尼拉遗址（距今 500~1 000 年）等。

迄今为止，世界上发现的马铃薯考古学遗址只有上述 8 处，其中也只有的的喀喀湖遗址位于秘鲁和玻利维亚之间的安第斯高原，其他均在秘鲁沿海的沙漠地带。这些遗址从地理分布上看，正好以奇尔卡（Chilca）为中心南北分布，也以奇尔卡遗址的历史最为久远。

二、马铃薯古代文物

考古学家在南美秘鲁和智利沿安第斯山麓星罗棋布的古代遗址中，发掘出众多的马铃薯古代遗体标本，特别是古代人在织物和陶器上留下的千姿百态的马铃薯图像。最古老的马铃薯遗体化石是从海拔 2 800 米的安卡什省高原奇尔卡峡谷洞穴中发现的，碳 14 测定距今约为 10 000 年。

D. 尤津特（D. Ugent）和彼德生（C. W. Peterson）在秘鲁沿海地区卡斯玛（Cosma）流域、帕查卡马克（Pachacamac）、拉森蒂尼拉（La Centinela）三个史前遗址和塚丘中先后发掘出保存完好的马铃薯化石，具有重要的考古学和种系发生学意义。如图 2-1 所示。

近代以来，人们陆续在秘鲁印第安人的古墓里发现大量绘有马铃薯图案的各种陶器，以及薯干和马铃薯植株的残枝。在陶器上象征性地绘有马铃薯块茎或芽眼。有些陶制壶上把马铃薯绘成人形，以次生根表示人体的四肢和头部，芽眼表示人嘴，长出的幼芽表示牙

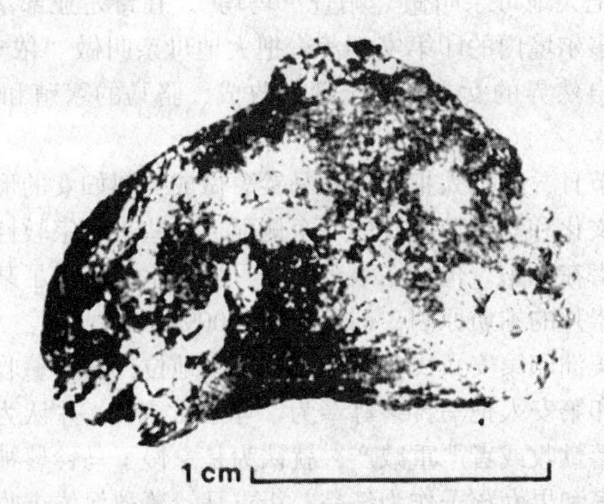

图 2-1　卡斯玛河谷地区发掘出的碳化马铃薯块茎（据王玉棠等，1996）

齿，芽眼周围的突起表示嘴唇。研究者据陶器上绘画艺术的风格推断，马铃薯在南美洲的栽培史，至少可以追溯到公元前 2000~2800 年。

人们还在秘鲁中部山区发掘出一个专供祭祀用的镶嵌有马铃薯图案的陶缸，高 3 英尺，造型别致、图案美观。从陶器艺术风格推断，应属于穆卡（Mochiea）、智姆（Chima）和印加（Inca）时期的文化艺术。如图 2-2 所示。

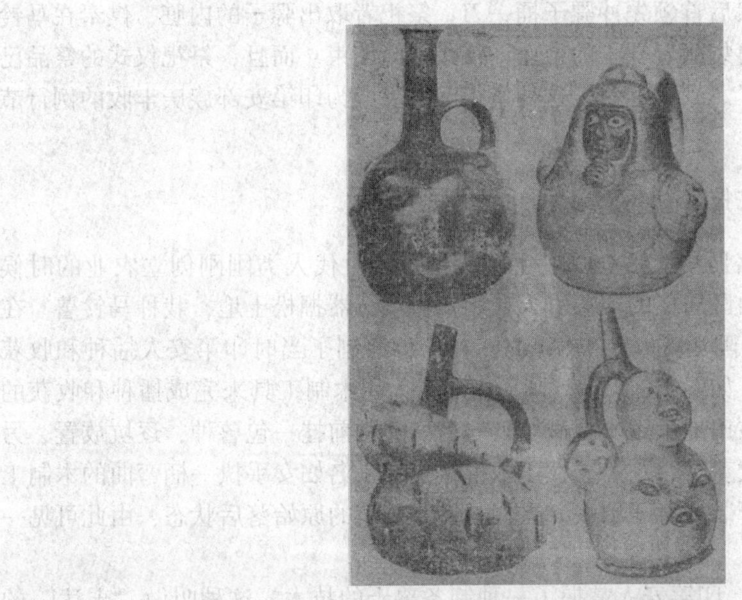

图 2-2　印加时期印第安人制作的马铃薯形状的陶器（郑南，2009）

三、马铃薯原始崇拜与祭祀活动

古印第安人对土地、玉米和马铃薯有着原始的崇拜。他们首先对土地表现出天然的崇拜，如在印加语中，把大地母亲叫做“帕查·玛玛”。在奇楚亚部落用语中，“帕查”就是土地。在今天厄瓜多尔境内的印第安部落，把大地母亲叫做“依圭”。在每个地方，人们都把大地母亲当做自然界的女主人，土地的收成、骆马的繁殖和经济的繁荣都取决于她。

但在一些特殊的节日，印加人把玉米和马铃薯做成类似妇女的形状，来充当自己的保护神。这是原始玉米文化和马铃薯文化的一个侧面。这些带有宗教性质的原始崇拜反映了安第斯山地印加人的潜在意识。他们在艰苦的岁月里对生活充满了某种向往。这正是他们产生宗教冲动和原始崇拜的本质原因。(杨天林，2009)

马铃薯在古代南美洲印第安人民生活中占有重要地位，马铃薯收成的丰歉直接影响到他们的生活。因此，印第安人把马铃薯尊奉为“丰收之神”，并认为马铃薯是有“灵魂”的。如果某一年马铃薯歉收或者严重减产，就认为是怠慢了马铃薯神，必须举行一次盛大的祭祀仪式，杀死牲畜和男女孩子作为祭品，祈求马铃薯神保佑丰收。

公元 1547 年，一位到过秘鲁的西班牙人亲眼目睹并记述了这种祭祀仪式。他说，在卡里约一拉姆巴城，很多印第安人和着锣鼓，迈着细碎而有节奏的步伐列队游行。部族的首领走在前面，他穿着新衣，披着刺绣的斗篷；接着是几列穿着整齐、衣服华丽、手持马铃薯袋的男孩；后面是几列身着色彩艳丽服装、拖着长襟、环佩叮咚的女孩，手里拿的是金银器皿；再后面是排列整齐的人群，肩上都扛着木制犁锄之类的农具，手里也提着马铃薯袋；最后面却是一头肥壮的骡子，它浑身上下披挂彩饰，黄的似金，白的似银，辉耀夺目，光怪陆离，五彩相映，被装扮成一个神奇的庞然怪物。大家围着这头庄严的怪物，在首领的指挥下边歌边舞，然后首领先冲骡子捅一刀，祭祀者取出骡子的内脏，供奉在马铃薯神像前，其他人用马铃薯袋蘸着骡子的余血，仪式就此结束。而且，祭祀仪式的祭品已仅限于牲畜，而不再杀人了。到了近代，这种祭祀已发展成为印第安部族庆丰收的例行节日活动。

四、马铃薯原始种植与加工技术

据考证，马铃薯的栽培历史有 8 000 多年，从新石器时代人类刚刚创立农业的时候起，在南美洲的安第斯山山区居住的印第安人便用木棒、石器掘松土地，栽种马铃薯。在西班牙殖民时期的早期①，阿亚拉（G. P. Ayala）在秘鲁绘制了当时印第安人播种和收获马铃薯的情景素描各一幅。如图 2-3 所示。画面由 3 个人用木制工具来完成播种和收获的任务：播种时，由一男性在田地里用木棍戳坑，一名妇女胸前挂一包薯种，逐坑放置，另一人手执一柄木椎覆土；收获时，一名男性用木棍松土，一名妇女手执一柄弯曲的木制工具刨拣薯块，另一人用袋子装好背下山去。古代马铃薯种植的原始落后状态，由此可见一斑。

大约在公元前 1100 年，印第安人掌握了一种制备薯干的技术。这种叫做“土达”的薯干有黑色和白色两种。白色薯干是在严寒的冬季把块茎在户外放置四五夜，日出前盖上一层苇草，然后移入不很深的水池里浸泡两个月，在太阳下晒干制成。黑色薯干是冷冻后在阳光下晒软，由妇女们光着脚丫踩揉，挤去水分，晒干制成。这两种脱水的薯干都很

① 约 16 世纪、中国明朝。

图 2-3 西班牙人阿亚拉绘制的印第安人播种和收获马铃薯的情景图（郑南，2009）

轻，保持着块茎的原形，是印第安人越冬的主要食品。欧洲殖民者在进入南美洲之后，曾遇到连年的饥荒，这种薯干曾是他们赖以活下来的重要粮食。

第二节 马铃薯文化的传播

一、马铃薯起源地之争

马铃薯起源于南美洲为世人公认，但一直以来有单源头和多源头起源的不同观点。单一源头论认为，栽培马铃薯起源于秘鲁南部或玻利维亚北部两地之一。而多源头观点认为，在南美洲有 3 个地方的茄属植物与马铃薯起源有密切关系：一是墨西哥，因为在那里分布有马铃薯的野生种；二是玻利维亚和秘鲁安第斯山区，因为在那里还保存着各种不同的栽培马铃薯较原始的种型；三是智利和附近沿海山区，因为那里同时有各种栽培马铃薯和野生种。因此，马铃薯的原产地是中安第斯山山区，包括智利北部、秘鲁、玻利维亚、厄瓜多尔以及哥伦比亚等地。

考古学家和生物学家在秘鲁、智利两国相继发现的古代马铃薯陶器等文物、马铃薯的野生种分布的事实，使秘鲁、智利两国对马铃薯起源地出现了公开争论。2005 年，秘鲁议会通过一项议案，以法律的形式认定马铃薯是秘鲁的特产。

2005 年 10 月 3 日，美国农业部植物分类学家大卫·斯普纳等人用 DNA 标记法分析了 261 个野生马铃薯品种和 98 个种植马铃薯品种。结果发现，所有种植品种都可以追溯到秘鲁南部的一个野生品种。斯普纳说，部分科学家之所以认为马铃薯有多个起源，可能是因为较早种植马铃薯的地域比较广阔，也可能因为有多个野生植物品种形态上与马铃薯较接近，但基因证据清楚地指明了种植马铃薯的单一起源。该研究成果发表在 2005 年 10 月美国《全国科学院学报》上。

2005年12月，在秘鲁倡议下，第60届联合国大会最终将2008年定为“国际马铃薯年”。

2006年，一名智利专家宣称，他计划将智利南部智鲁岛上出产的280种土豆注册为国家文化遗产。同年，以智利农业专家安德鲁·孔特雷拉斯教授为首的智利派认为，马铃薯原产自智利的智鲁岛，并针锋相对，甚至准备上诉联合国，寻求支持。愤怒的秘鲁人立即进行反击。2006年3月29日，秘鲁外交部长奥斯卡·毛尔图亚向媒体公开宣称，马铃薯的原产地是秘鲁。他斩钉截铁地说，根据拉丁美洲现有的文字记载，马铃薯的原产地绝对是秘鲁。秘鲁马铃薯研究中心遗传资源部的负责人威廉·罗卡说，在马铃薯品种的多样化上，智利稍逊于秘鲁。秘鲁目前已经培育出了3 200~3 500个本地马铃薯分支品种，而智利只有250~280个。

二、马铃薯生产与文化的传播

“哥伦布发现新大陆，给我们带来的马铃薯是人类真正有价值的财富之一。”

“马铃薯驯化和广泛栽培，是人类征服自然最卓越的事件之一。”

——英国科学家沙拉曼

（一）马铃薯在国外的传播

1. 马铃薯在欧洲的传播

1）马铃薯在法国的传播

1756—1763年，欧洲大陆爆发了所谓的“七年战争”。普鲁士军队在和法国军队的战斗中，俘虏了一个随军的法国药剂师，名叫巴孟泰尔。巴孟泰尔被普鲁士军队关在战俘营中，靠着普鲁士农民用来喂猪和战俘的土豆赖以存话。结果他居然喜欢上了土豆这种食物。当他回到法国的时候，他的祖国正闹饥荒，为了度过荒年，有许多法国人都在积极寻找粮食替代品。

巴孟泰尔通过对土豆成分的分析，发现土豆无毒、含淀粉高，可以食用。于是他亲自栽种土豆，并写了许多有关土豆的材料，到处宣讲土豆。同时，他还用土豆做成各种各样的菜宴请当地有名望的人，请他们帮助宣传、推广种植和食用土豆。然而这一切都无济于事。在法国，很多人迷信吃土豆会引起麻疯病、梅毒、猝死和性狂热。在一个叫做贝山崆（Besancon）的城市里，市政府居然发布法令，严厉禁止种植和食用土豆：“鉴于事实上土豆这种有害物之食用，将引起麻疯病，兹予以禁止；私自种植，将罚重金。”如此一来，将食用土豆会引起麻疯病这种毫无根据的迷信，说得铁板钉钉。更有甚者，认为土豆是巫婆和魔鬼造出来骗人的东西。法国人宁愿饿着肚子，也不愿食用土豆，并称土豆为“妖魔苹果”。

为了让土豆成功地在法国人的餐桌上得以推广，巴孟泰尔在国王路易十四的生日晚会上，献上了一束土豆花。土豆开的花，有白、粉红、紫等各种颜色，鲜艳夺目，可以开5天之久。这赢得了王后玛丽·安东诺特的喜爱，她在外出或参加宴会时便把土豆花束插在头发上。国王在参加国事活动或接待外宾时也把小小的土豆花插在外衣的纽扣上。一时上行下效，成为时尚，所有的朝臣都在纽扣孔里插上土豆花，小姐、太太等则把土豆花视为最高贵、最时髦的装饰品。在赢得了国王和王后的好感之后，1785年，巴孟泰尔在巴黎郊区，种了一大片土豆。种植的时候，他请求路易十四派重兵守卫，不得让平民靠近，而到晚上又悄悄命令士兵撤离。日复一日，重兵守卫下的土豆田自然引起了周围农民极大的好奇心，于是当士兵们晚上撤离土豆田的时候，就有胆大的农民去偷一些土豆苗，种在自己的田里。这样一来，土豆的种植竟然很快在法国推广开来，帮助法国人度过了无米的荒年，土豆也因此被法国人称为“地下苹果”，而巴孟泰尔也因此成名。至今法国餐当中，以土豆为主的好几道名菜，仍以巴孟泰尔的名字命名，巴孟泰尔也成为法国第一个吃土豆的人。

2）马铃薯在英国的传播

英国探险家和历史学家拉雷夫爵士（Walter Raleigh）从美洲探险回来，带来了一些土豆，并把它们种植在他在爱尔兰的庄园中。而此时，勇敢的爱尔兰人早就将土豆放到餐桌上了。因为美洲探险而出名的拉雷夫，就用这种稀奇的食物去拍英王的马屁，他将整棵的土豆进献给了英王伊丽莎白一世。但是英王的厨师，既不知道这种蔬菜，又不懂装懂，结果把土豆给扔掉，给女王和参加宴会的达官贵人做了一锅土豆叶子。想来女王的御厨，烹调手艺还是很高超的，土豆叶子也做得有声有色；在皇家御宴上，不少人吃了这种土豆叶子。但问题是土豆的叶子含有毒性，那些吃了土豆叶子的达官贵人不免食物中毒。那年头医疗条件不好，虽然中毒不算严重，但那些可怜的贵族们也给折磨得死去活来。这样一来，女王的宫廷里自然是严禁土豆，土豆的名声更是一落千丈。

3）马铃薯在德国的传播

18 世纪中叶，各种瘟疫和灾害导致普鲁士王国农业歉收，上百万人饿死。爱民如子的弗里德里希大帝听说南美洲有种叫土豆的植物产量高，营养丰富且易于种植。于是决定在全国推广土豆种植。至今，在离德国首都柏林不远的波茨坦有个无忧宫，无忧宫里有普鲁士国王弗里德里希大帝的墓，在墓前很少有人献花，而总是摆放土豆。

4）马铃薯在瑞士的传播

在瑞典的哥德堡市中心的一个小广场上，矗立着一座青铜塑像，这是哥德堡的一处名胜，俗称“吃土豆者的塑像”。就像美国人被称为山姆大叔一样，这是一个典型的斯文逊（瑞典人）。他神情淡然，骨骼粗大，腼腆，下巴上有一道很深的沟壑。虽然一身贵族装扮，但是像土豆一样沉静、内向、沉稳。他就是约拿斯·阿尔斯特鲁玛，著名的吃土豆者。

约拿斯 1685 年出生在哥德堡附近的阿林索斯一个人口众多的穷人家庭。经过辗转的生活奔波，1724 年，约拿斯在哥德堡附近的一个小城市，在他自己家的庄园里，种下了一些土豆。收成以后，他成了整个瑞典第一个吃土豆的人。而且他第一个规范了瑞典语中土豆的叫法，称土豆为 Potatis。

就在约拿斯开始种土豆的那一年，诞生了一个著名的女科学家，名叫爱娃·拉嘎丹。爱娃在 1748 年仅仅 24 岁的时候，发表了一篇论文，描述了用土豆酿造烧酒的办法。这篇文章，最终使得爱娃·拉嘎丹成了瑞典历史上首位皇家科学院的女院士，而嗜酒的瑞典人终于开始大面积种植土豆了。

总之，大约在公元 16 世纪末期，马铃薯在西班牙、意大利、比利时、德国和英国已经是普遍种植的植物了。以下罗列了马铃薯在欧洲传播的主要纪事：

1536 年，继哥伦布接踵到达新大陆的西班牙探险队员，在秘鲁的苏洛科达村附近最先发现了马铃薯。事件最早记载于卡斯特亚诺（Juan de Castellanos）编撰的《格兰那达新王国史》一书中。

1538 年，到达秘鲁的西班牙航海家沈沙·德·勒奥（Sierra De Leon）最早把印第安人培育的马铃薯介绍给欧洲。

1551 年，西班牙人瓦尔德维（Vald evii）把智利有马铃薯作物这一情况向卡尔五世（Carlos V）皇帝作了报告。

1553 年，西班牙人沈沙·德·勒奥出版了他的一本见闻录《秘鲁纪事》。这部有趣的见闻录记载了他 1538 年在秘鲁见到的马铃薯。大多数欧洲人从西班牙的这部书中第一次知道了马铃薯。

1565 年，马铃薯被运至西班牙，国王把它献给了有病的罗马教皇庇尤四世。

1565 年，英国人哈根（J. Haukin）从智利把马铃薯带至爱尔兰。

1570 年，西班牙人引进种薯在塞维尔地区种植。

1578 年，英国人阿德米拉尔德莱依克在智利海岸附近的穆哈岛（Mocllals，南纬 38°）发现了种植的马铃薯。

1581 年，英国航海家特莱克（S. F. Drake）从西印度洋群岛向爱尔兰大量引进种薯，以后遍植英伦三岛。英国人引进的马铃薯后来传播到苏格兰、威尔士以及北欧诸国，又引种至大不列颠王国所属的殖民地以及北美洲。

1583 年，马铃薯被引进到意大利。

1583 年，罗马教廷的红衣主教从意大利把马铃薯带到比利时（作为药物），而红衣主教的随从则把其中的几个块茎赠给了一位小城市的市长蒙萨德·谢弗里。

1586 年，英国人德莱依克在加勒比海岸夺得了西班牙海外商站中的马铃薯，装上了他的海船。在返英途中，他又绕道弗吉尼亚（Virginia），从那里的罗诺克岛把生活穷苦的首批英国移民撤回英国。这一事件也就成了长期存在的关于马铃薯来源于弗吉尼亚的传说的根据。

1586 年，英国人雷利（S. W. Raleigh）在爱尔兰柯克伯爵的庄园中看到种植的马铃薯。

1588 年 1 月，比利时小城市的市长蒙萨德·谢弗里把自己收获的两个块茎和一个浆果寄送给了奥地利维也纳著名植物学家克鲁索斯。

1589 年，克鲁索斯将新收获的马铃薯块茎和种子赠送给德国法兰克福植物园。

1590 年，从新大陆归来的人把马铃薯作为礼品奉献给英王詹姆士一世（James Ⅰ）。同一时期苏格兰和威尔士也有了关于种植马铃薯的记载。

1596 年，卡斯普尔·巴乌辛（C. Baukin）在瑞士巴塞尔出版的《植物图谱》中，绘制有马铃薯的图形，并首次给它定名为 Solanum turberosum。

1597 年，英国植物学家杰拉尔德（G. Gerard）著《植物标本史集》中，绘制有马铃薯图像。在版权页上刊有杰拉尔德手执马铃薯花枝，以表示对这种植物的重视；还详细地记述了马铃薯的形态特征。

1598 年，比利时谢弗利市长寄给植物学家克鲁索斯一幅马铃薯水彩画。此画现存安特卫普博物馆。

1600 年，法国人谢尔在《农业园地》一书中描述了他在庄园中种植的马铃薯。

1601 年，奥地利维也纳著名植物学家克鲁索斯对他获得的马铃薯做了相当详尽的植物学描述。

1640 年，捷克斯洛伐克报道在本国种植马铃薯。

1651 年，德国从奥地利引进种薯并大量种植。同年，法国引种马铃薯，马铃薯经法国又传入普鲁士王国。

1663 年，英国皇家学会发布文告，向农民推荐马铃薯。

1665 年，巴黎皇家花园栽培植物名录中正式记录马铃薯。

1683 年，波兰人从瑞士引进马铃薯，最初种植在位于华沙郊区的皇家领地里。

1771 年，巴黎的药剂师巴孟泰尔说："广部在地球上陆地和水面的无数植物当中，也许没有一种比马铃薯更值得高贵的公民们注意的了。"

18 世纪末，法国路易十六时代（1774—1792 年），马铃薯由西班牙传到法国。法国人给马铃薯起了一个名字：地下苹果。

马铃薯在 16 世纪传入欧洲后很长时间，没有作为一种食物被传播开。在许多欧洲国家，马铃薯不过是作为一种观赏植物和药用植物，或只能作为那种家畜来食用的饲料，却根本上不了餐桌。欧洲人之所以排斥马铃薯，和欧洲人傲慢的民族性格有关，欧洲人认为印第安人是一种落后、下等的民族，他们认为马铃薯是落后民族的食品，所以认为是魔鬼的食品。而唯独爱尔兰人很快把马铃薯请上了餐桌，当时英国和爱尔兰，两个民族之间有冲突，英格兰尤其是贵族，瞧不起爱尔兰人，因此，英格兰人排斥马铃薯。

马铃薯在欧洲的命运开始扭转，得益于 1756—1763 年，欧洲大陆爆发的争夺殖民地的"七年战争"。这场空前残酷的战争，使欧洲各国面临粮食紧缺的严峻现实，欧洲各国便很快意识到马铃薯作为粮食的重要性。但因为长期的文化排斥心理，在欧洲，推动马铃薯种植与食用过程异常传奇并富有戏剧性。

随着马铃薯在欧洲的普及和声誉的不断提高，欧洲一些国家竟产生了一场关于谁首先种植马铃薯的荣誉的争论。例如，匈牙利男爵阿培尔卡波斯堪尼为了证明他是第一个把马铃薯引种到匈牙利的人，便在自己家族的徽章上刻上了马铃薯图案。

2. 马铃薯在俄国的传播

18 世纪初期，马铃薯被引入俄国。史料记述，周游欧洲的彼得大帝爱上了鹿特丹公园里名为荷兰薯的美丽花枝。他以重金购买了一袋马铃薯，命随身侍从押送回国，交由谢列姆齐夫元帅种植在宫廷花园里。稍后，马铃薯又通过商业渠道经波兰引种至白俄罗斯、乌克兰以及立陶宛的地主庄园里。但在差不多半个世纪里，马铃薯仅只作为罕见植物供观赏花卉或做珍贵菜肴为上层社会所享用。

欧洲进行的"七年战争"可能是马铃薯大量传入俄罗斯的重要因素。从欧洲作战归来的俄国士兵，都把马铃薯作为珍贵战利品种植在家乡的菜园里。仅在两年多时间里，拉脱维亚、爱沙尼亚、俄罗斯、乌克兰、伊尔库茨克、阿尔罕格尔斯克、沃龙涅什等 10 省的广大地区都种植了马铃薯。

1842 年，沙皇尼古拉一世根据国家财产部的建议，命令在几个省设立马铃薯育种地段，按公有方式种植马铃薯。在实行这一措施的过程中，引起了官属农民的怀疑，他们认为要把他们变成农奴。这种怀疑又为一些惊慌失措的农村司书所证实，这便成为叶卡捷林堡、皮尔姆、喀山和诺夫戈罗德省农民大规模起义的直接原因。彼得大帝一怒之下动用军队予以镇压，历史上将这一事件称为"马铃薯暴动"。可以说，马铃薯是伴随着枪声和血泪在俄国土地上安家落户的。

18 世纪 60 年代，俄罗斯一些地方发生了饥荒。当时管理医疗事务的机关——医学委员会向政府倡议：解决饥荒的措施是让荒民们种植马铃薯。1765 年 1 月 16 日，枢密院发布了在全国种植马铃薯的第一道指令。随后，开始向爱尔兰采购马铃薯并分发。19 世纪上半叶，俄罗斯不断将马铃薯种子向各地散发。

19 世纪初期，俄国人为了扩大马铃薯种植面积，改变了从欧洲进口种薯的办法，利用本国的冷凉气候条件就地采种繁殖。19 世纪中期，俄国自己培育的品种已占马铃薯种植面积的一半以上。

俄国十月革命后，马铃薯的科研和生产进入一个新阶段。1919 年，全苏列宁农业科学院建立实用作物研究所，著名植物育种家布卡索夫筹建马铃薯品种圃，从事品种改良工作。1920 年，建立了波鲁金、利列涅夫、布特里奇和科斯特罗姆马铃薯试验站。1924 年，在莫斯科郊区建立全苏最大的马铃薯联合繁育良种场，后更名为全苏马铃薯科学研究所，有计划地开展资源采集和杂交育种工作。1925—1932 年，在布卡索夫教授率领下，苏联考察队先后 4 次赴南美洲采集马铃薯野生种和栽培种种质资源，在本国建立马铃薯种质库以及比较完善的马铃薯繁育体系，到 1929 年苏联已培育出第一批抗病高产的马铃薯品种，1940 年基本上实现了良种化，马铃薯种植面积达 350 万公顷（5 250 万亩），总产量 7 600 万吨。

3. 马铃薯在北美洲的传播

起源于美洲大陆的马铃薯，直至 17 世纪，北美洲的人对它还是一无所知。1621 年，第一批马铃薯从英格兰引进北美洲在弗吉尼亚种植。18 世纪末，马铃薯终于传到了美国。1719 年，爱尔兰长老会的一批教徒又把马铃薯带到美国，至今在美国东部的新罕布什尔和马萨诸塞州一直管它叫爱尔兰薯。

马铃薯传到美国去，其实是个非常有趣的现象。马铃薯原产于南美洲，美国在北美洲，其实中间就隔了一座大山，在山的两边。其实从地理、距离上看，从南美洲传到北美洲应该是很近的。但是美国在很长时间里都没有从南美洲引进马铃薯，而是欧洲人先把马铃薯引进到了自家地里，完了美国人绕了大半个地球，再从欧洲引到美国，并且是欧洲人把马铃薯当做主要食品一百多年以后，美国人才开始吃到马铃薯。

马铃薯进入美国，则与大名鼎鼎的科学家本杰明·富兰克林相关。本杰明·富兰克林在法国任美国大使期间，参加过一次宴会，席间赏鉴了马铃薯 20 种不同的做法。他回到美国后，盛赞马铃薯是最好的蔬菜，这才使得马铃薯在美国得以流行。1802 年，托马斯·杰弗逊总统在白宫用炸薯条招待客人，自此炸薯条进入美国。

19 世纪中期，美国又从巴拿马引进了南美洲的马铃薯品种。1851 年，美国驻巴拿马领事从市场上采购了许多马铃薯，古德里奇（R. C. Goodrich）牧师把它带回了美国。经过种植后将其中一个优良品种命名为智利粗紫皮。古德里奇从这个品种中获得了一些自交实生苗，从中选育出一个优良品种红石榴，用它与欧洲引进的马铃薯品种杂交选出许多优良品种，如早玫瑰、绿山、丰收、凯旋等。其中，早玫瑰后来成为美洲和欧洲育种家选育早熟马铃薯品种的重要亲本材料。美国著名植物育种家路德·布尔班克（L. Burbank）从早玫瑰品种培育出布尔班克薯，1876 年美国农业部正式推广布尔班克薯。从 1875—1921 年，布尔班克薯迅速在北美洲以及欧洲许多国家推广。据估算，这个马铃薯品种在世界很多国家生产块茎至少在 6 亿蒲式耳以上，足够装满 2.25 万公里长的一列火车，大约可以绕行地球一周半。

4. 马铃薯在亚洲和澳洲的传播和发展

马铃薯从海路向亚洲和澳洲传播有三条路线：

第一条路线是 16 世纪中期和 17 世纪初荷兰人把马铃薯传入新加坡、日本和中国台湾；

第二条路线是 17 世纪中期西班牙人把它携带至印度和爪哇等地；

第三条路线是英国传教士 18 世纪把马铃薯引种至新西兰和澳大利亚。

1789 年宽政年间，日本人又从俄国引进马铃薯在北海道种植，除食用外还作为加工淀粉用的原料。

全球马铃薯的起源与传播路线如图 2-4 所示。

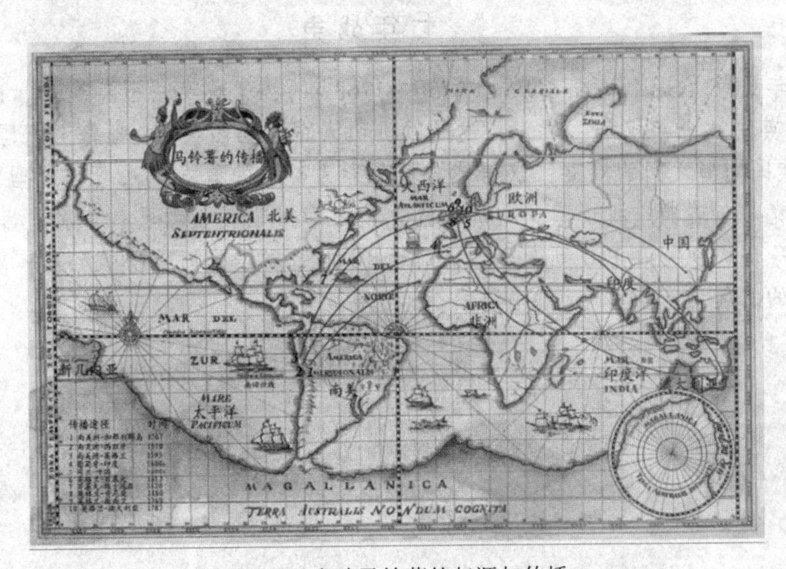

图 2-4　全球马铃薯的起源与传播

（二）马铃薯在中国的传播

关于马铃薯在中国的传播路线，学者有多种观点。有一种观点认为，大约在 16 世纪中期，马铃薯从北路、南路等传入我国并广布于大部分地区。

北路：马铃薯可能由荷兰人从海路引进至京津和华北地区。明末万历年间（约 1600—1610 年）蒋一葵撰著的《长安客话》卷 2 “皇都杂记”，记述了北京地区种植的马铃薯名为土豆。据推算，马铃薯引种北京的下限时间应在 1550 年以前，距今已有 400 多年。也有学者推测可能由法国传教士从欧洲传入山陕地带栽培，以供其食用。由于北方寒冷，颇适宜马铃薯生长，并由山陕一带逐渐向内蒙古、华北推广。

南路：马铃薯由荷兰人从东南亚引种至台湾，尔后传入闽粤沿海各省。康熙三十九年（公元 1700 年）福建《松溪县志》有马铃薯的记载。乾隆二十五年（公元 1760 年）的《台湾府志》中称马铃薯为荷兰豆。也有学者认为可能从南洋印尼（荷属爪哇）一带传入广东、广西，然后向西发展，以至贵州、云南，所以在广东称马铃薯为“荷兰薯”、“爪哇薯”。

还有学者认为，马铃薯从以下东路、西北路、南条等路线传入我国。

东路：生活在台湾的荷兰人将马铃薯带到台湾种植，后经过台湾海峡，马铃薯传入大陆的广东、福建一带，并向江浙一带传播。在这里，马铃薯又被称为荷兰薯。

西北路：马铃薯由晋商自俄国或哈萨克汗国（今哈萨克斯坦）引入中国。并且由于气候适宜，种植面积不断扩大。

南路：马铃薯主要由南洋印尼（荷属爪哇）传入广东、广西，在这些地方马铃薯又被称为爪哇薯。然后，马铃薯自此又向云贵川传播。四川《越西厅志》（1906）有“羊芋，出夷地”的记载。此外，马铃薯还有可能由海路传入中国。

☞拓展阅读

七年战争

七年战争（Seven Years´War，1756—1763 年），又称英法七年战争。1756 年 5 月 17 日，英法“七年战争”爆发，这是欧洲两大军事集团英国-普鲁士同盟与法国-奥地利-俄国同盟之间的对立，汉诺威与葡萄牙为英普的盟友，法奥俄的盟友则为西班牙、萨克森与瑞典。战场遍及欧洲大陆、地中海、北美、古巴、印度和菲律宾等地。这场战争造成 90 万~140 万人死亡，对于 18 世纪后期当时国际战略格局的形成和军事学术的发展均产生了深远影响。

第三章　马铃薯现代文化

现代马铃薯生产活动，已由传统的马铃薯生产逐步成长为产品商品化、流通市场化、技术现代化、服务社会化的完全开放的现代农业产业体系。产业化是现代马铃薯生产活动的最大特点。马铃薯产业是马铃薯产品、商品、产业一体化，产前、产中、产后相联结，种植、加工、营销一条龙经营的简称。其产前环节包括农机、化肥、农药、农膜、种薯等生产资料的投入；产中环节包括耕作、栽培、浇水、施肥、病虫害防治等综合农艺技术措施的运用；产后环节包括收获、贮藏、运输、加工、销售等。此外，马铃薯产业还与制造、加工、饮食、投资、流通等产业紧密关联。

马铃薯作为全球第四大农作物，现有约 155 个国家栽种和开发马铃薯，有近2 000万公顷的农田被用来种植5 000多个不同品种的马铃薯，全球马铃薯年产量已经突破 3 亿吨，近 10 年来平均年增长率超过 10%，其中发展中国家收获面积占世界总收获面积的 57%，发达国家占 43%。总产量中，发展中国家占总产量的 51%，发达国家占 49%。中国、俄罗斯、乌克兰、印度和波兰的马铃薯种植面积居世界前 5 位，中国、俄罗斯、印度、美国和乌克兰的马铃薯总产量居世界前 5 位，新西兰、美国、荷兰、英国和法国的马铃薯单产居世界前 5 位，而中国和俄罗斯的马铃薯单产分别居世界第 82 位和第 97 位。

全球马铃薯加工产业的发展正进入旺盛阶段，欧美发达国家马铃薯产业发展快、水平高，生产几乎全部实现了机械化、自动化。美国、加拿大、英国及荷兰、德国等国家主要发展薯条、薯片多味食品、各类复合薯片及全粉等快餐以及方便食品；荷兰、丹麦、波兰、捷克等国家在大规模马铃薯淀粉生产基础上还发展出了淀粉衍生物的生产。虽然中国的马铃薯收获面积从 1961 年仅占世界马铃薯收获面积的 5. 9%到 2006 年占世界收获面积的 26%，达到了世界第一，但马铃薯的单产水平只达到了这些国家单产水平的 1/3 左右。中国马铃薯加工产业整体滞后，产业链短。世界发达国家的马铃薯加工比例一般在 50%以上；加工产品上千种，食品加工比例占 70%以上；中国目前加工比例仅为 8%（联合国粮农组织数据），且 90%以上是淀粉以及以淀粉为原料的粗加工产品，如粉条、粉丝等，有专家估算，目前中国炸薯片等马铃薯休闲食品消费量与世界发达国家相差 150 倍左右，其产业发展有很大的上升空间。

马铃薯文化的载体是马铃薯生产活动，而现代马铃薯文化的载体则是现代马铃薯产业以及产业链各环节上的一切经济、文化活动。具体表现在马铃薯产地自然生态环境、政策人文环境、生产活动、企业文化与社会效益、产品文化内涵、贸易策略和规则、科技文化成果、饮食文化、现代文化活动（民俗节庆会、文学艺术作品、文化产品）等方面。

第一节　马铃薯农业文化

一、马铃薯多样化的生产组织制度

马铃薯的生产组织，在美国和德国主要有合作社、行业协会、农民俱乐部等形式，而在日本则主要是农协的形式（胡剑锋，2006）。马铃薯在明清时期传入中国，在清康熙年间（17世纪后期）广泛栽培。明清时期我国农业土地的占有方式有官田（公田）与民田（私田）之分，官田的经营方式主要采取屯田制经营，民田的经营则有自耕农经营、地主佃仆制经营、地主雇佣制经营、地主一般租佃制经营、农奴制经营等多种形式，其中地主一般租佃制经营是最主要、最普遍的经营形式，也是马铃薯的主要生产组织形式。

新中国成立以来，我国农业组织制度出现了三次大的变革，即1950—1953年从互助组到初级合作社；1954—1958年从合作社化到人民公社化；1978年以后家庭联产承包责任制（胡剑锋，2006），马铃薯的生产组织也随之发生改变。

目前，我国出现了专业化生产的农业大户、家庭农场、集体农场、农业车间、股份合作制农业企业、农业产业化经济联合体、农业企业集团、农民专业合作协会、农业合作经济组织等农业组织形式（郑景骥，2001）。而现今，农民专业合作协会、农业企业集团等组织，逐渐发展为我国马铃薯生产组织的主要形式。

种植制度是作物组成配置、熟制和种植方式的总称。截至目前，我国已总结探索出许多适合当地自然、气候、土壤和经济条件的多种形式的马铃薯种植制度与种植方式，如北方地区机械化高产配套栽培技术、平衡施肥、病虫害综合防治、膜下滴灌等旱作高产栽培技术等；中原地区推广早熟马铃薯与粮、棉、瓜、菜、果等作物间套种和早春地膜覆盖、小拱棚、大棚栽培等技术；西南地区改中稻、玉米或马铃薯一年一熟，为中稻-稻草覆盖秋马铃薯/免耕油菜、春马铃薯/玉米、马铃薯/玉米/甘薯等间套复种，大力推广免耕栽培等节本增效技术；南方地区利用冬闲田，在中、晚稻等作物收获后增种一季冬马铃薯，形成中、晚稻（菜、再生稻）-冬马铃薯等种植模式，大力推广稻草覆盖免耕、稻草包芯栽培等轻简栽培技术。在马铃薯设施农业种植方面，还有地膜覆盖、拱棚、塑料大棚、日光温室、滴灌等；其中地膜覆盖有单膜、双膜、三膜、白膜、黑膜等类型；拱棚还有拱棚双膜、大棚下膜、日光温室、稻草覆盖加膜技术等。

二、马铃薯农业生态景观及全球重要农业文化遗产

马铃薯农业生态景观是与马铃薯生长自然环境，马铃薯农业生产劳动（马铃薯田地、人、生产工具等），马铃薯生产区域内的地理地貌、居家建筑和生活场景等密切相关的内容。主要包括马铃薯自然景观。马铃薯生产景观和马铃薯生活景观。目前，我国比较突出的马铃薯农业生态景观主要有马铃薯生长自然景观和马铃薯种植方式多样性景观。马铃薯农业生态景观，在本地生态文明建设、发展生态旅游、陶冶文化情操等方面，都具有积极的意义。

（一）我国马铃薯生长的自然景观

我国马铃薯生长的自然景观见图3-1。

(a)绿色认证的马铃薯基地（滕州）

(b)贵州威宁万亩马铃薯连片基地

(c)甘肃民乐马铃薯机械化喷灌

(d)四川叙永县马铃薯基地

(e)黑龙江农垦齐齐哈尔分局克山农场

(f)马铃薯脱毒试管苗

(g)宁夏砂糖万亩马铃薯基地

(h)温网室马铃薯脱毒水培苗工厂化生产

图3-1　我国马铃薯生长的自然景观

（二）我国马铃薯种植方式多样性景观

我国马铃薯种植方式多样性景观见图3-2。

（三）全球重要农业文化遗产

全球重要农业文化遗产（GIAHS）是指农村与其所处环境长期协同进化和动态适应下所形成的独特的土地利用系统和农业景观，这种系统与景观具有丰富的生物多样性，而且可以满足当地社会经济与文化发展的需要，有利于促进区域可持续发展。2005年，联合国粮农组织确定了5个典型的传统农业系统作为全球重要农业文化遗产保护首批试点，其

(a)稻+稻+冬种马铃薯

(b)玉米马铃薯间作套种（云南祥云）

(c)甘蔗套种马铃薯（云南勐海）

(d)桑马铃薯套种（云南双柏）

(e)火龙果套种马铃薯（广西武鸣）

(f)葡萄套种马铃薯（云南红塔）

(g)柑橘套种马铃薯（广西）

(h)核桃马铃薯套种（甘肃天水）

(i)马铃薯/玉米/晚秋杂粮套种(云南寻甸县)

(j)果树马铃薯套种（甘肃泾川）

图 3-2 我国马铃薯种植方式多样性景观

中有 2 个是全球马铃薯起源栽培地。

1. 秘鲁的安第斯山区农业

安第斯山脉中部地区马铃薯起源中心如图 3-3 所示。

图 3-3　安第斯山脉中部地区马铃薯起源中心

安第斯山脉中部地区是马铃薯的主要起源中心，保存着来自印加文明的大量文化和农业财富。这一遗产最让人惊奇的特征是用于控制土地退化的梯田系统。人们通过梯田在陡峭的坡地和不同的海拔上进行耕作，从海拔 2 800~4 500 米共有三种主要的农业系统：玉米（海拔 2 500~3 500 米）、马铃薯（海拔 3 500~3 900 米）和牧场（海拔 4 000 米以上）。

2. 智利的岛屿农业

智利南部的智鲁岛马铃薯起源中心见图 3-4。

智利南部的智鲁岛是马铃薯的起源中心之一，也是一个生物多样性保护区，其温带雨林生存着大量濒临灭绝的动植物。本土居民通过世代农民（主要是妇女）的口头相传，仍然按照祖先的生产方式种植着大约 200 种本地马铃薯。在智鲁岛上发现了原始和次生的温带森林，这是 10 000 年来与人类活动协同进化而形成的斑块景观。雨林中保持着大量的物种类型，包括 15 个珍稀而面临灭绝的鸟类品种、33 个当地两栖动物品种（其中 3 个濒临灭绝）、9 个当地的哺乳动物品种（均稀少而濒临灭绝）、4 个极易受到灭绝危险的淡水鱼品种；野生物种中包括水果（8 个品种）、燃料（9 个品种）、药材（41 个品种）和木刻（5 个品种）等用材品种。

三、我国马铃薯农业生产文化活动

（一）民国时期马铃薯种植、加工宣传推广活动

1. 山西省建设厅发布关于扩种马铃薯（山西称为“山药蛋”）的几项规定

20 世纪 40 年代，山西省建设厅发布以下关于扩种马铃薯（山西称为“山药蛋”）的几项规定，要求广大人民群众：（1）宣传山药蛋的营养价值和食用方法；（2）机关团

图 3-4　智利南部的智鲁岛马铃薯起源中心

体人员每日必食山药蛋，以资节粮；（3）示范山药蛋贮藏技术；（4）民间婚丧大事必有山药蛋佐餐；（5）农民交纳田赋可以山药蛋代粮；（6）减少烟草、瓜类种植面积，下达山药蛋必种面积等。

2. 四川省温江县举办马铃薯（四川称为洋芋）展览评比

四川省温江县农业推广所为倡导农民种洋芋，在 10 个乡利用稻麦后茬种洋芋示范。1940 年气候适宜，洋芋丰收，最高亩产 1 000 公斤。参加洋芋评比展览的有 80 户农民，产品 700 多件。参展农民介绍高产经验，由省、县官员和技术人员评议。最后评定出永兴乡农民范昌林获高额丰产奖、隆镇乡农民余可全获优异性奖、踏水桥乡农民刘树三获大面积种植奖。农民竞往参观，探问经验，索取种薯。第二年温江及其附近 5 县洋芋面积扩大到 1 180 亩。

3. 贵州省组织马铃薯巡回展览

20 世纪 40 年代，贵州省农事改进所从国内外引种 12 个马铃薯品种，从中选出 5 个高产良种在定番县示范推广。省农业推广委员会彩绘图表介绍马铃薯栽培技术和加工方法，并在马铃薯丰收田间现场举行洋芋评比展览会。县长亲临主持，商业部门表演加工方法，并当场把制作的糕点供人品尝，消除农民认为马铃薯只能作蔬菜的疑虑。参观农民达 3 000 多人。第一季示范面积仅 29 亩，第二季增加到 117 亩，第二年就扩大到 1 000 多亩。这些宣传推广措施使马铃薯种植面积迅速扩大，特别是在西南和西北高寒丘陵地区尤多。

（二）当代马铃薯评比竞赛活动

1. 山东滕州市马铃薯王评比大赛

为了鼓励种植户学科学、用科学、产特色、创精品，增强“界河牌”马铃薯的影响力和市场竞争力，促进农业增效和农民增收，自 2009 年开始，山东省滕州市界河镇每年举办马铃薯王评比大赛，取得了很好的文化及品牌宣传效果。

（1）首届滕州市（界河）“农博士杯”马铃薯王评比大赛。

2009年6月12日，在界河镇举办了滕州市首届“农博士杯”马铃薯王评比大赛，来自界河、龙阳、姜屯、大坞、滨湖等镇的50多名马铃薯种植户参加了比赛。以单个马铃薯重量大小为标准，同重量的马铃薯看其薯形，外表光滑，牙眼肤浅，无病斑、无虫眼、无损伤为最佳。此次大赛，界河镇孙庄村农民孔令学参赛的2.46斤马铃薯以薯型美观、个头巨大夺魁，荣获马铃薯王，领取了29寸彩色电视机一台。

（2）第二届滕州市（界河）“吉利丰”杯马铃薯王评比大赛。

2010年6月18日，在滕州市（界河）举行的第二届“吉利丰”杯马铃薯王评比大赛上，界河镇杜庄村农民生兆华以一个重量达1.355千克的马铃薯击败其他参赛选手，荣获“薯王”称号，并高兴地领到了1台马铃薯种植起垄机。本次大赛由市农业局和界河镇政府共同主办，旨在增强“界河牌”马铃薯的影响力和市场竞争力，鼓励种植户科学种植，促进农业增效、农民增收。据悉，本次大赛以参赛单体马铃薯的重量大小和外形美观度为标准，共评出一等奖1名、二等奖6名、三等奖8名。

（3）第三届中国滕州（界河）马铃薯节“千村植保杯”马铃薯王大赛。

2011年7月4日举办的“千村植保杯”马铃薯王大赛，由滕州市农业局、界河镇人民政府、千村植保滕州营运中心联合举办。历时3个月，7个镇街，156个村庄，22支代表队260人参加了比赛。经过激烈的角逐，界河镇房岭村村民安修军参赛的3.15斤马铃薯以薯型美观、个头巨大夺魁，荣获“马铃薯王”称号，奖品为华塑阳光太阳能热水器一台；同样是来自界河镇房岭村的村民郭存良以马铃薯亩产10 667.05斤获得了马铃薯“种植状元”称号，领取了马铃薯收获机一台。其他获奖人员分别领取了背负式电动喷雾器、肥料等奖品。

（4）第四届中国滕州（界河）马铃薯王大赛。

2012年7月4日，滕州界河镇政府、滕州市农业局主办的第四届中国（滕州）马铃薯节、马铃薯王大赛评选揭晓。单个土豆2.781斤、亩产10 471.03斤的两位种植户分别获得“薯王”、“种植状元”称号。本次大赛共有500余户种植户参加。

（5）第五届中国（滕州）马铃薯节千村植保“友邦活化酶杯”马铃薯王评比大赛。

2013年6月29日，第五届中国（滕州）马铃薯节千村植保“友邦活化酶杯”马铃薯王评比大赛在滕州市界河镇盛大召开。本次大赛和以往一样，设参赛单体马铃薯的重量最大的“薯王”奖和亩产最高的“种植状元”奖。经过与会专家的综合评定，最终来自滕州市滨湖镇的选手以单体马铃薯重量3.27市斤的成绩杀出重围，摘得“薯王”桂冠；来自滕州市界河镇汲庙村的选手以亩产11 803.7斤的成绩勇夺“种植状元”称号。

（6）第六届中国（滕州）马铃薯节千村植保“友邦杯”马铃薯王评比大赛。

2014年6月24日，由全国工商联农业产业商会农民合作社委员会、滕州市界河镇政府、滕州市农业局主办，滕州市好丽农马铃薯合作社、滕州市农村科技教育培训中心（农广校）联合主办的第六届中国（滕州）马铃薯节千村植保“友邦杯”马铃薯王评比大赛，在马铃薯之乡滕州市界河镇隆重召开。大赛得到了周边乡镇马铃薯种植户的积极响应，共收到参赛马铃薯1 700多个。经过各位专家和领导的细致评比，最终薯王由东曹西村的孟凡华获得，参赛薯重 3.34 斤。还有二等奖 10 名 11 人（其中并列一位），薯重 3.06~3.32 斤。三等奖 20 名，薯重 2.9~3.05 斤。

(7) 第七届中国（滕州）马铃薯节千村植保“好丽农杯”马铃薯王评比大赛。

2015 年 7 月 1 日，由滕州市界河镇政府、滕州市农业局支持，北京十方科技有限责任公司、滕州市农民专业合作社联合会、滕州市新型农民俱乐部、滕州市好丽农马铃薯合作社等联合主办的第七届中国（滕州）马铃薯节千村植保“好丽农杯”马铃薯王评比大赛，在马铃薯之乡滕州市界河镇隆重召开。经过各位专家和领导的细致评比，最终薯王由界河镇彭庄村的陈福奎获得，参赛薯重 3.06 斤。一等奖 5 名，薯重 2.69~3.02 斤。二等奖 10 名，薯重 2.45~2.61 斤。三等奖 29 名，薯重 2.24-2.43 斤。并举行了盛大的抽奖活动，奖品为小轿车一辆。

2. 广东惠东马铃薯大赛。

(1) 惠东县首届马铃薯大王竞赛

惠东县科学技术协会和惠东县马铃薯产业协会于 2006 年 11 月启动“首届马铃薯大赛”活动。活动在平海镇举行，共收到参赛申请表 563 份。2007 年 3 月，经过专家评选，有 27 人分别获马铃薯产业带头人奖和最高亩产、最大面积、单薯最重等奖项的一、二、三等奖。活动上，一个重达 3.6 斤的马铃薯获得单薯最重一等奖，成为“马铃薯王”。此次竞赛共有 27 人抱得大奖归。

(2) 惠东县第二届马铃薯大赛。

县科技局、科协、农业局主办的惠东县第二届马铃薯大赛在铁涌镇举行。此次大赛评选工作从 2007 年 11 月开始，2008 年 2 月结束，为期 4 个月。通过专家组评审，共评选出“单位面积产量高”、“单个薯块重”和“单户种植面积大”的一、二、三等奖各 1 名，鼓励奖 12 名。平海镇农民朱顺伟以亩产量 4 397.3 公斤夺得单产冠军，平海镇邓水连以单薯重 1.45 公斤的成绩获单量重奖，铁涌镇马玉顺获得面积量大奖，3 位农民兄弟各抬走一台 29 寸彩色电视机。

(3) 惠东县第三届马铃薯大赛。

2009 年 4 月 17 日，惠东县第三届马铃薯大赛在稔山镇文化广场上举行。此次比赛单薯最大 3 斤。最高单产为 4 346.3 公斤，比第二届单产冠军低 51 公斤；但全县马铃薯亩均产达 2 250 公斤，创历史新高。

3. 乌兰察布市首届马铃薯节赛薯会

为提高马铃薯单产和品质，总结推广高产、高效、优质的栽培技术和经验，全面提升马铃薯产业水平，2009 年 9 月 10 日上午，以“薯我最强”为主题的薯王评比活动在乌兰察布市集宁区体育馆火热开场。马铃薯成为了参赛“选手”，在这里比重量、比外形。

全市 11 个旗县市区和市农科所分别组队，带着自高产田中选出的“硕薯”，角逐乌兰察布“薯王”美誉。这次赛事要旨是：通过“薯王”评比等相关趣味活动，扩大乌兰察布市马铃薯的知名度，进一步弘扬马铃薯文化。经过评比，市农科所、商都县、集宁区分别摘得了鲜食薯、加工薯、象形薯“薯王”桂冠，并获得了 1 万元奖金。鲜食薯、加工薯“薯王”的重量都高达 1.6 公斤以上，而形象酷似河马的象形薯“薯王”的重量也达1.15公斤。

4. “希森马铃薯杯”山东省首届土豆大王大赛

为更好地促进马铃薯种植的发展，国家马铃薯工程技术研究中心、山东电视台农科频道、希森马铃薯产业集团共同策划并承办了“2010希森马铃薯杯山东省首届土豆大王大赛”。通过实地测产，评出了2010希森马铃薯杯山东省马铃薯种植冠军即山东省土豆大王。一等奖为轿车。

5. 广州中山市马铃薯种植大赛

2011年，广州中山市举办了马铃薯种植大赛。该大赛设高产奖和薯王奖2个奖项，冠军将分别获得10 000元和1 000元奖金。大赛的高产奖以农户为单位，以亩产量进行角逐，设一等奖1名，奖金10 000元；二等奖2名，每名奖金5 000元；三等奖3名，每名奖金3 000元；鼓励奖4名，每名奖金1 000元。薯王奖也以农户为单位，参赛的农户选出1枚本人种植的最重单薯进行角逐。设一等奖1名，奖金1 000元；二等奖2名，每名奖金800元；三等奖3名，每名奖金500元。

6. 内蒙古明光市首届“金泊岗”杯马铃薯大赛

2011年6月2日，在内蒙古明光市泊岗乡举办了首届“金泊岗”杯马铃薯大赛，来自该乡安全村的何志刚从参赛的众多马铃薯种植能手、种植大户中脱颖而出，一举夺得“马铃薯种植大王”的称号，单个马铃薯重量达1.298千克。

（三）马铃薯机械化收获技能大赛（2010—2015）

为了加强农业机械化人才队伍建设，促进技能人才培养，着力提升马铃薯机械化收获人员的操作素质，进一步巩固和检验农业机械化教育培训成果，宁夏回族自治区自2010年开始，每年举办马铃薯机械化收获技能大赛。技能大赛由理论知识考试、现场提问和实地操作考核三部分组成，对马铃薯机械化生产起到了良好推动作用。

1. 宁夏首届“六盘山—龙平杯”马铃薯机械化收获技能大赛

首届“六盘山—龙平杯”马铃薯机械化收获技能大赛由宁夏农牧厅主办，厅农机局、固原市农牧局、西吉县农机推广中心联合承办，宁夏农村劳动力转移阳光工程办公室、宁夏农业机械化技术推广站、宁夏农机安全监理总站、宁夏山区各市县（区）农机管理局（站）、宁夏龙平农业机械有限公司协办，于2010年9月27日举行。

2. 宁夏第二届“六盘山—崴俊杯”马铃薯机械化收获技能大赛

宁夏第二届全区马铃薯机械化收获现场会暨宁夏第二届“六盘山—崴俊杯”马铃薯机械化收获技能大赛于2011年9月29日在固原市原州区三营镇举行。固原市五县（区）及盐池、海原、同心县农机推广中心负责人及部分技术人员参加了会议。

在马铃薯机械化收获技能比赛现场，来自中部干旱带及南部山区的9个代表队参加了此次大赛。经过笔试和田间收获技能比赛，固原市农机中心代表队获得第一名，奖崴俊1200型挖掘机1台；西吉县和盐池县代表队获得第二名，奖手扶拖拉机配套的种植机和挖掘机各1台；原州区和海原县获得优秀组织奖。本次大赛活动奖品均由宁夏崴俊农业机械有限公司赞助。

3. 第三届宁夏全区马铃薯机械化收获现场会暨马铃薯机收技能大赛

为促进宁南山区和中部干旱带马铃薯机械化生产又好又快发展，营造马铃薯机械化生产技术示范推广的良好氛围，加快南部山区和中部干旱带现代农业的发展步伐，经研究，定于2012年9月21日在西吉县召开“全区马铃薯机械化收获现场会暨马铃薯机收技能大赛”。主要内容为马铃薯机械化收获现场演示、马铃薯机械化收获技能大赛、残膜回收机具发放及残膜回收作业演示。

4. 第四届宁夏全区马铃薯机械化收获现场观摩会

第四届宁夏全区马铃薯机械化收获现场观摩会于2013年9月29日在西吉县新营乡车路湾村和固原市原州区黄铎镇白河村区县共建马铃薯机械化生产示范园区举行。

5. 第五届宁夏全区马铃薯机械化收获现场会暨马铃薯机收技能大赛

为促进宁南山区和中部干旱带马铃薯机械化生产又快又好发展，营造马铃薯机械化技术示范推广的良好氛围，加快南部山区和中部干旱带现代农业的发展步伐，2014年9月25日，在西吉县召开了“全区马铃薯机械化收获现场会”，并举行了马铃薯机收技能大赛，马铃薯机械化收获现场演示、马铃薯生产机具现场展示。

6. 第六届宁夏全区马铃薯机械化收获现场会暨马铃薯机收技能大赛

为加快马铃薯机械化收获技术的推广，2015年10月20日，宁夏海原县农牧局农机中心在树台乡大嘴村马铃薯机械化示范园区组织召开马铃薯机械化收获现场会，并举行马铃薯机收技能大赛，使农民群众直观地看到了新型农机具的作业效果，提高了他们对新型农机具的认识，对海原县马铃薯机械化生产起到了良好推动作用。

（四）中国马铃薯农场主大会

1. 首届中国马铃薯农场主大会

2014年7月29日，首届中国马铃薯农场主大会暨2014中国薯都马铃薯产业发展论坛在内蒙古自治区乌兰察布市召开。此次大会以“合作共赢、土豆突围”为主题，吸引了来自国内十几个省市及美国、德国、比利时、波兰、新加坡、意大利等国家的近400家企业、上游农资供应商、下游采购商和行业专家齐聚乌兰察布市，围绕农场管理、技术突破、农资利用、产品提升、品牌创新、营销突围、产值增效等内容开展技术交流和现场观摩。

此次大会论坛设置产业发展主题报告、生产需求访谈互动、新产品展示信息发布、现场观摩商务对接、产品在线交易5个板块，为薯农、农资企业、马铃薯加工流通企业搭建起一个交流互动、合作共赢的平台。大会借鉴学习欧洲马铃薯大会的经验，在筹备期间，就请国内顶级专家、资深学者和成功的农场主针对农场主生产经营的实际需求提前做准备。

7月30日，大会还召开了“中国马铃薯农场主联盟成立筹备会”，讨论了联盟章程草案，初步确认了首批联盟发起单位和个人。

2. 第二届中国马铃薯农场主大会

2015年3月30日，第二届中国马铃薯农场主大会在内蒙古自治区呼和浩特市召开。会议由中国马铃薯农场主联盟主办。本次会议以资源共享、跨界合作、集群发展为主题，以提升中国马铃薯农场主生产管理水平和产品市场竞争力为出发点，结合中国马铃薯主粮化发展战略，展示和探讨马铃薯种植新品种、栽培新技术、农资新产品等，并开展了技术交流、产品展示交流和发展战略研讨。

3. 第三届中国马铃薯农场主大会

2016年3月25日，中国马铃薯农场主联盟领衔主办的第三届中国马铃薯农场主大会在内蒙古自治区呼和浩特市开幕。1 500个拥有较大规模马铃薯生产基地和具有先进设施的马铃薯农场主、种植大户、农业合作社以及马铃薯相关农业公司、农资企业参会。本届大会以“协同创新、高效发展”为主题，以提升中国马铃薯农场主生产水平和产品竞争力为出发点，围绕农场管理、技术应用、农资农艺融合、产品价值提升、品牌培育推广、营销渠道拓展等各个方面，开展全方位的技术交流和产品展示交流。与会者表示，马铃薯农场主大会将对中国马铃薯产业的发展产生巨大的影响，使这一产业逐步走上合作共赢的道路。会上，国内外知名专家学者共同分享了中国马铃薯产业的转型升级、病害防治以及农场管理技术和经验。

(五) 马铃薯农业生态旅游

农业生态旅游是以农业生产为依托，使农业与自然、人文景观以及现代旅游业相结合的一种高效产业。我国广西省南宁市、广州惠州惠东县等地区，已成功举办了马铃薯主题生态旅游活动，取得了良好的经济效益与社会效益。

2007年2月，广西壮族自治区农业厅、旅游局和南宁市人民政府在武鸣县启动“神奇免耕生态马铃薯之旅”活动，充分展示了农业生态旅游的神奇和特色。活动启动后，灵山县、浦北县、平南县、宾阳县、玉林市、兴业县等各地农业部门纷纷响应。据统计，到免耕马铃薯生态游地区旅游的车辆达1 640辆次，游客29 400人次，当地农民因此增收145万元，实现了社会、生态、经济三个效益的统一。农民高兴地说：神奇免耕生态游，产品销售不用愁，客商游人到地头，实现土豆变“金豆”。

第二节 马铃薯工业文化

马铃薯工业是指对马铃薯产品的加工及再加工或深加工。马铃薯还可以加工出各种各样的食品，提高其利用价值。

马铃薯工业文化，是指在马铃薯加工活动中注入文化内涵，使产品人格化的活动。主要包括马铃薯工业企业文化与社会效益、马铃薯加工设备与工艺技术的发展、马铃薯加工产品多样化的文化符号与内涵。

一、马铃薯加工企业文化与社会效益

(一) 马铃薯加工企业文化

企业文化是指企业在生产实践中，逐步形成的为全体员工所认同、遵守，带有本企业特色的价值观念、经营准则、经营作风、企业精神、道德规范、发展目标的总和，是一个企业或组织在自身发展过程中形成的以价值为核心的独特的文化管理模式。

企业文化通常是由企业的理念文化、企业的制度文化、企业的行为文化、企业的物质文化四个层次构成的。具体来讲，企业文化内容包括企业经营理念、企业品牌、企业形

象、团队建设、企业精神、规章制度、企业愿景、内部沟通、企业价值观、管理理念、领导方式和行为规范。

通过对国内马铃薯淀粉加工企业的网页所做的浏览统计表明，国内马铃薯淀粉加工企业中，仅有少数企业的企业文化建设比较完善，特别是企业形象的建立、企业品牌的打造在同行业中是一个亮点。比较突出的是内蒙古呼和浩特华欧淀粉有限公司，其企业文化的内容主要包括：企业厂风、做事原则、价值观念、企业精神、经营理念、人事理念、企业荣辱观、经营目标等。具体见表 3-1。

表 3-1 **华欧淀粉有限公司企业文化**

<table>
<tr><td colspan="2">华欧厂风
Huaou ethos</td><td>华欧做事原则
Huaou acting principles</td></tr>
<tr><td colspan="2">行胜于言 德胜于智</td><td>诚实 守信 活跃 进取</td></tr>
<tr><td colspan="2">华欧价值观念
Huaou value concept</td><td>华欧精神
Huaou spirit</td></tr>
<tr><td>相互尊重和信任</td><td>尊重别人等于尊重自己，充分信任不等于放任</td><td rowspan="5">敬业 兴业
图优 图强</td></tr>
<tr><td>主动并能做到</td><td>没有不成功的事，只有不成功的思想</td></tr>
<tr><td>持续学习与创新</td><td>谁不断学习和创新，谁就掌握着自己的未来和命运</td></tr>
<tr><td>生活与工作平衡</td><td>只会生活不会工作是惰人，只会工作不会生活是愚人，既会生活又会工作是能人</td></tr>
<tr><td>树立良好的品质与道德</td><td>品德决定“质”，能力决定“量”；员工的“质量”决定企业的“质量”</td></tr>
<tr><td colspan="2">华欧经营理念
Huaou operating concept</td><td>华欧人事理念
Huaou personnel concept</td></tr>
<tr><td>扎实基础</td><td>1. 扎实做好企业原料基地建设
2. 扎实做好企业人力资源建设
3. 扎实做好企业形象和服务建设</td><td rowspan="4">1. 管理的百分之六十是选对人
2. 充分地使用员工的优点，恰当地改正员工的缺点
3. 队伍精干，员工肯干，培养骨干，个个能干
4. 智商高、情商低隔离使用
5. 智商低、情商高搭配使用
6. 智商低、情商低绝对不用
7. 智商高、情商高破格录用</td></tr>
<tr><td>稳中求快</td><td>1. 做大做强是企业持久的目标
2. 遵循规律是企业科学的发展观
3. 稳健发展是企业信誉的代名词</td></tr>
<tr><td>以法为本</td><td>1. 全面树立依法经营的观念
2. 上下普及相关法律知识
3. 所有经营事项坚持以法律为准绳</td></tr>
<tr><td>开拓创新</td><td>1. 理念创新（一要国际化；二要市场化）
2. 机制创新（根据市场需求，灵活调整组织机构；能上能下，能进能出）
3. 服务创新（服务渠道的多样化，服务手段的现代化）</td></tr>
</table>

续表

华欧荣辱观 Huaou moral	华欧经营目标 Huaou operating target
1. 以热爱企业为荣，以损害企业为耻 2. 以集体主义为荣，以本位主义为耻 3. 以不断进取为荣，以停滞不前为耻 4. 以谦虚谨慎为荣，以资历功劳为耻 5. 以团结互助为荣，以损人利己为耻 6. 以团队利益为荣，以个人利益为耻 7. 以文明礼貌为荣，以无视修养为耻 8. 以干净整洁为荣，以肮脏污乱为耻	两增四满 科技引导，农民增收 管理规范，企业增效 涨资增福，员工满意 创造回报，股东满意 诚信纳税，政府满意 强化环保，社会满意

对国内马铃薯淀粉生产线超过 3 条或马铃薯淀粉年产量超过 30 000 吨的马铃薯加工企业文化建设，进行了网页浏览统计研究，结果发现：在所调查的 12 家企业中，有包含企业经营理念等明确具体企业文化内容的 3 家，占 25%；有企业文化，但内容不具体的 1 家，占 8.3%；而 8 家没有企业文化栏目，占 66.7%。虽然存在着不同企业对网页建设的重视程度不同，但也反映了国内马铃薯加工企业文化建设的一个基本现状。国内主要马铃薯加工企业网页企业文化调查情况见表 3-2。

表 3-2　**国内主要马铃薯加工企业网页企业文化调查情况**

序号	企业名称	所在地	淀粉生产线（条）	年生产能力（万吨）	企业文化（网页）
1	内蒙古奈伦农业科技股份有限公司	内蒙古	10	10	有经营理念，并进行了解读
2	宁夏佳立生物科技有限公司	宁夏	5	3	企业文化、企业精神、经营理念、价值观
3	青海威思顿生物工程有限公司	青海	2	3	企业理念
4	黑龙江北大荒马铃薯产业集团	黑龙江	2	3	有、不具体
5	云南润凯实业有限公司	云南	2	3	不明确
6	内蒙古科鑫源食品（集团）有限公司	内蒙古	6	5	不明确
7	甘肃金大地马铃薯产业开发有限公司	甘肃	3	1.5	不明确
8	内蒙古飞马食品有限公司	内蒙古	3	2	不明确
9	山西嘉利科技股份有限公司	山西	1	6	不明确
10	云南昭阳威力淀粉有限公司	云南	3	2	不明确
11	宁夏固原福宁广业有限责任公司	宁夏	3	1.5	不明确
12	四川西昌必喜食品有限公司	四川	3	2	不明确

我国马铃薯加工企业处于快速发展阶段，企业文化建设也在不断充实与完善之中。相信随着企业的不断壮大与发展，企业文化底蕴会更加丰富，在引领企业发展、促进产品销售、提高企业经济与社会效益等方面，将会体现出更大的功能价值。

（二）马铃薯企业社会效益

马铃薯企业的社会效益指企业对社会、环境、居民等带来的综合效益，是对就业、增加经济财政收入、提高生活水平、改善环境等社会福利方面所作贡献的总称。企业社会效益具体体现在社会义务、社会响应和社会责任等方面。社会义务是指一个公司的行为符合其应履行的经济和法律责任。持有这种观点的企业认为自己唯一应该承担的社会责任就是对股东的责任；社会响应是指一个企业适应变化的社会状况的能力，它强调的是一个企业对社会呼吁的反应；社会责任是指企业追求有利于社会的长远目标的一种义务，它超越了法律和经济所要求的义务。社会责任加入了一种道德要求（不是法律或者准则要求），促使人们从事使社会变得更美好的事情。

近年来，随着国内马铃薯加工企业的规模不断扩大、企业经济效益不断提高，尤其是在国内马铃薯主产区企业，大多为本地区区域经济的发展、扩大农民就业、帮助农民脱贫致富、促进慈善教育事业、提高农民生活水平和精神文化水平、改善生态环境等社会福利方面做出了很大的贡献。

二、马铃薯加工设备与工艺技术的发展

19 世纪 20 年代，马铃薯淀粉加工采用真空转鼓过滤机来进行淀粉浓缩。40 年代发明了莫科离心机，用于淀粉浓缩和淀粉洗涤。60 年代发明静止筛分设备，用于淀粉提取、薯渣洗涤和细纤维分离；研制的多管旋流器，用于淀粉浓缩和淀粉洗涤，包括为了改善淀粉洗涤效果而发明的粗/细颗粒淀粉分级。70 年代，采用双原料加工系统，用于淀粉的生产，例如变换生产马铃薯淀粉/玉米淀粉的工艺。

马铃薯食品加工机械主要是指生产马铃薯油炸食品、膨化食品、冷冻食品等设备，目前主要有清洗机、预煮机、制冷机、蒸煮机、滚筒烘干机、速冻马铃薯条生产线、油炸薯片成套设备、膨化小食品设备等。

现代马铃薯加工机械主要有：速冻马铃薯条生产线、颗粒和雪花全粉生产线、油炸薯片成套设备、大型滚筒干燥机、马铃薯淀粉刨丝机（锉磨机）、全旋流分离设备、大型气流干燥机、双辊筒干燥机、分离设备、膨化小食品设备等。

三、马铃薯加工产品的多样化

国内马铃薯加工产品可达 1 000 种以上，马铃薯加工产品主要为 4 大类：马铃薯全粉（颗粒粉和雪花粉）、马铃薯精淀粉及其衍生物、马铃薯快餐及方便休闲食品（薯片、薯条、薯泥、薯丁、各类复合薯片、马铃薯果酱、马铃薯饮料）、马铃薯粉条和粉丝等。通常将前三类称为马铃薯精深加工产品。

以马铃薯为原料，可以制造出马铃薯淀粉、马铃薯全粉、马铃薯食品等产品。其中，以马铃薯淀粉为原料，经过进一步深加工，可以得到葡萄糖、果糖、麦芽糖、糊精、柠檬酸以及氧化淀粉、酯化淀粉、醚化淀粉、阳离子淀粉、交联淀粉、接枝共聚

淀粉等2 000多种具有不同用途的产品，广泛应用于食品工业、纺织工业、印刷业、医药制造业、铸造工业、造纸工业、化学工业、建材业、农业等许多部门。以马铃薯全粉为原料可生产马铃薯蛋糕、马铃薯面包、马铃薯馒头、马铃薯面条等主粮产品；以鲜马铃薯为原料，可生产马铃薯干制品（马铃薯丁、片、泥、粉等）、马铃薯罐头、马铃薯油炸制品、马铃薯冷冻制品、马铃薯膨化制品、马铃薯酸乳制品、马铃薯果脯制品等。马铃薯冷冻产品主要有直切式薯条、花边粗薯条、薯圈、薯角、薯格、薯船、薯饼及薯宝等。马铃薯脱水制品种类包括雪花全粉、颗粒全粉、薯粉、薯丁、薯片、薯丝等。

此外，马铃薯加工产品的包装也类型多样、丰富多彩，可通过人物形象、产品照片、写实图形、抽象图案、字母文字、具体文字的设计，在材料、图案、色彩等方面，结合传统与时尚元素，极力表现出产品的文化内涵。

第三节　马铃薯商贸文化

一、马铃薯贸易与策略

世界马铃薯的贸易构成主要是鲜马铃薯、冻马铃薯、马铃薯粉三大块，但以鲜马铃薯和冻马铃薯为主。目前世界马铃薯贸易的主要特点：第一，马铃薯整体贸易保持较快增长速度，冻马铃薯贸易增长迅猛。第二，贸易集中度高，西欧与北美发达国家占较大份额，如欧洲和北中美的贸易量分别占世界的69%和16%，贸易值分别占世界的61%和23%，而西欧的贸易量与贸易值均占到欧洲的95%，北美两个发达国家（美国、加拿大）的贸易量与贸易值均占整个北中美洲的91%，西欧的7个主要贸易国家（荷兰、比利时、德国、法国、英国、意大利、西班牙）、北美的两个发达国家（美国和加拿大）连同亚洲的日本，10个主要贸易国的贸易量与贸易值均占到世界的76%，其中仅荷兰一国的贸易量就占到世界的20%。第三，虽然马铃薯贸易整体价格呈现稳定增长态势，但近年增速有所放缓。

中国马铃薯的出口以鲜薯或冷冻马铃薯为主，主要向越南、日本、韩国和马来西亚等国家出口。进口则以马铃薯淀粉为主，主要从荷兰、德国和美国等国进口马铃薯淀粉。贸易结构低端化，出口的主要是初级产品，进口的主要是加工产品。近年来，我国马铃薯贸易的主要策略是：推动马铃薯主食化和综合利用产品的消费，加强马铃薯产后处理和储藏能力建设，强化马铃薯区域品牌培育和发展马铃薯电子商务。

二、马铃薯贸易宣传与推广

目前，国内外马铃薯贸易的宣传推广既有政府部门、学术机构、科研院所等部门机构，又有企业、专业经济合作组织、行业协会、社会团体等组织参与。通过马铃薯大会、学术论坛、学术交流研讨会、商贸洽谈会、文化节庆赛事、专题文化旅游等形式开展。

（一）国内外马铃薯大会

1. 世界马铃薯大会

世界马铃薯大会（world potato congress，WPC）是全世界范围内影响最大的马铃薯行业综合性大会，由总部设在加拿大的世界马铃薯联合公司主办。世界马铃薯联合公司主要负责协调、宣传、组织各国马铃薯科研、加工工业、商贸公司及相关组织，并配合申办国举办好每 3 年 1 届的世界马铃薯大会。会议的议程集中在以下几个方面：马铃薯产业的可持续性发展、新技术、种薯、加工鲜薯生产，以及生产者和消费者关系、环境问题，世界马铃薯贸易地区突出问题、马铃薯营销和发展战略等相关性研究。

世界马铃薯大会由申办国承办，具体承办单位可以是企业、社会组织等，由世界各国马铃薯科研机构、加工生产企业、机械制造商、贸易公司、社会组织及个人报名参加。其目的是通过技术交流和经贸合作，不断推进全球马铃薯产业的发展。历届世界马铃薯大会相关情况见表 3-3。

表 3-3　**历届世界马铃薯大会情况（王询）**

届次	时间（年）	地点	主题	参加国数/人数
第一届	1993	加拿大（爱德华岛）	—	40/800
第二届	1994	英国（哈罗盖特）	—	49/650
第三届	1997	南非（德班）	—	30/450
第四届	2000	荷兰（阿姆斯特丹）	—	50/623
第五届	2004	中国（昆明）	马铃薯在亚洲——重要的食品、巨大的市场	46/1 200
第六届	2008	美国（爱达荷州）	—	—
第七届	2009	新西兰（基督城）	我们的未来食物——马铃薯：持久、营养、美味	—
第八届	2012	苏格兰（爱丁堡）	—	—
第九届	2015	中国（北京延庆）	面向未来，共同发展	38/3 000
第十届	2018	秘鲁	—	—

2. 国际马铃薯晚疫病大会

马铃薯晚疫病是马铃薯生产中的第一大病害，每年给全球带来的直接和间接经济损失达 50 多亿美元。为攻克世界粮食作物中的头号病害，1996 年由国际马铃薯中心牵头，成立了一个全球性的马铃薯晚疫病防治协作网（global initiative on late blight，简称 GILB），目的是给世界各国科研人员、技术开发人员和农业推广人员提供一个平台，共同开展马铃薯晚疫病研究与防治工作。尽管这是一个世界性的协作组织，但其主要目的仍是为提高发展中国家马铃薯晚疫病防治水平。目前该协作网有成员 480 名，来自世界 72 个国家。历届国际马铃薯晚疫病大会情况见表 3-4。

表 3-4　　**历届国际马铃薯晚疫病大会**

届次	时间（年）	地点	主题	参加国数/人数
第一届	1999	厄瓜多尔（基多）	晚疫病：全球粮食安全的威胁	30/140
第二届	2002	德国（汉堡）	—	—
第三届	2008	中国（北京）	—	22/36

3. 欧洲马铃薯大会

欧洲马铃薯大会是由德国马铃薯产业联合会（UNIKA）、德国农业协会（DLG）、法国 ARVALIS 植物研究院和比利时农业和园艺机械协会（FEDAGRIM）联合举办的、欧洲境内唯一的国际性马铃薯行业盛会，全面展示欧洲的马铃薯生产及相关技术发展情况，每年九月初轮流在荷兰、德国、比利时和法国办展，会期 2 天。

4. 中国马铃薯大会

中国马铃薯大会由中国农作物学会马铃薯专业委员会倡导，在 1998 年开始的该委员会年会基础上演变而来。中国作物学会马铃薯专业委员会每年召开一次全国性的年会及学术研讨会，每次都有一个特定的主题。在 2006 年湖南长沙召开的全国年会上，主办单位首次使用了“中国马铃薯大会”这个名称。从此以后，每届年会都使用这个名称。参会人员从原来以科教单位为主的学术研讨会发展为现在产学研、种加销、国内外同行广泛参与的综合性盛会。2007 年农业部首次主持召开了全国马铃薯生产大会。历届中国马铃薯大会情况见表 3-5。

表 3-5　　**历届中国马铃薯大会**

届次	时间（年）	地点	主题
1	1998	北京	—
2	1999	内蒙古呼和浩特	—
3	2000	云南昆明	面向 21 世纪的中国马铃薯产业
4	2001	甘肃兰州	马铃薯产业与西部开发
5	2002	河北张家口	高新技术与马铃薯产业
6	2004	云南昆明	中国马铃薯与世界同步
7	2005	黑龙江齐齐哈尔	马铃薯产业开发
8	2006	湖南长沙	马铃薯产业与冬作农业
9	2007	辽宁本溪	发展马铃薯产业，推进现代农业建设
10	2008	北京延庆	马铃薯产业——更快、更高、更强
11	2009	陕西榆林	马铃薯产业与粮食安全
12	2010	贵州贵阳	马铃薯产业与东盟一体化，多彩贵州，神奇马铃薯
13	2011	宁夏银川	马铃薯产业与科技扶贫

续表

届次	时间（年）	地点	主题
14	2012	内蒙古乌兰察布	马铃薯产业与水资源高效利用
15	2013	重庆巫溪	马铃薯产业与农村区域发展
16	2014	黑龙江加格达奇区	马铃薯产业与小康社会建设
17	2015	北京延庆	面向未来、共同发展
18	2016	河北张家口	马铃薯产业与中国式主食

5. 中国国际薯业博览会

中国国际薯业博览会创办于2010年，由农业部农业贸易促进中心、中国国际贸促会农业行业分会主办，中国作物学会马铃薯和甘薯专业委员会、中国食品工业协会马铃薯食品专业委员会、中国淀粉工业协会马铃薯和木薯淀粉专业委员会等协办。中国国际薯业博览会是在中国境内举办的唯一一个国际性的薯业展览会。展会全面展示国内外涉及薯类（马铃薯、甘薯、木薯、山药等根茎类高淀粉作物）繁育、种植、生产、加工、储运、销售各个环节的最新产品和技术。同时还举办中国国际薯业高峰论坛、招商洽谈会、特色食品烹饪等专题活动，在促进产业和市场整合、健康发展以及加强中外薯业国际交流与合作方面发挥了重要作用。历届中国国际薯业博览会情况见表3-6。

表3-6 **历届中国国际薯业博览会**

届次	时间(年)	地点	配套活动	主办单位
第一届	2010	北京全国农业展览馆	高峰论坛、新产品发布会、薯类招商引资会、薯类现场烹饪表演与餐饮区、国际采购商项目	农业部农业贸易促进中心（中国国际贸促会农业行业分会）
第二届	2011	北京全国农业展览馆	中国国际薯业高峰论坛、马铃薯种薯论坛、马铃薯加工论坛、甘薯国际研讨会、薯类招商项目洽谈会等	农业部农业贸易促进中心（中国国际贸促会农业行业分会）
第三届	2012	内蒙古呼和浩特	马铃薯产业发展论坛、中荷马铃薯行业研讨会、中泰木薯贸易洽谈会、马铃薯加工与仓储技术对接会等	农业部、内蒙古自治区人民政府
第四届	2013	北京全国农业展览馆	中国马铃薯产业发展论坛、中荷薯类加工技术和装备对接活动、甘薯加工产学研交流研讨会、国际甘薯育种生物育种研讨会、马铃薯种薯企业座谈会等	农业部农业贸易促进中心（中国国际贸促会农业行业分会）
第五届	2014	山东滕州	马铃薯产业发展及滕州马铃薯订货会、马铃薯高产栽培技术交流会、薯类机械装备技术交流会、滕州马铃薯产业实地考察、马铃薯烹饪大赛、马铃薯摄影大赛等	农业部农业贸易促进中心、农业部信息中心、山东省农业厅、山东省枣庄市人民政府

续表

届次	时间(年)	地点	配套活动	主办单位
第六届	2015	北京延庆	主要展示国内外马铃薯、甘薯等薯类作物在科研、生产、加工、储运、销售等环节的最新产品和技术，开设马铃薯主食厨房，设立现场演示区、互动品尝区和科普展示区，制作展示烘焙食品、蒸制面食、健康饮品等6大类、100多个品种的马铃薯产品等	农业部农业贸易促进中心(中国国际贸促会农业行业分会)、延庆县人民政府

6. 国内其他马铃薯大会

相关资料显示，在国内马铃薯主产地，由地方政府、企业、学术机构、行业协会等定期召开了不同范围的马铃薯大会，对马铃薯的产业发展也起到了很大的促进作用。国内部分马铃薯主题会议情况见表3-7。

表3-7 **国内部分马铃薯主题会议**

时间(年)	会议名称	地点	主办
2008	马铃薯产业技术国际论坛	天津	天津市农委、市科委与市外专局共同主办
2009	全国马铃薯产业发展论坛暨脱毒种薯产销合作洽谈会	甘肃张掖	农业部优质农产品开发中心、甘肃省农牧厅、张掖市人民政府主办，民乐县人民政府承办
2010	四川·凉山马铃薯产业发展大会	西昌	四川凉山州人民政府、四川省农业厅联合举办
2011	全国马铃薯产业发展与扶贫研讨会	宁夏银川	中国作物学会马铃薯专业委员会、宁夏回族自治区人民政府、国务院扶贫开发领导小组办公室主办，国家马铃薯产业技术研发中心、中国农业科学院和百事公司协办，宁夏回族自治区农牧厅等21个厅办局院和地方人民政府共同承办
2011	首届中国·内蒙古隆格尔马铃薯产业国际博览会	内蒙古隆格尔	中国国际经济技术合作促进会主办，内蒙古隆格尔草原文化传播有限责任公司承办
2004—2006	中国·定西马铃薯产销衔接洽谈会	甘肃定西	定西市政府主办，安定区政府承办
2007	中国·定西马铃薯大会、全国马铃薯产业发展经验交流会议	甘肃定西	农业部、甘肃省人民政府主办，农业部种植业管理司、甘肃省农牧厅、定西市人民政府承办
2008	中国·定西马铃薯大会、全国马铃薯产业发展高端论坛	甘肃定西	农业部、甘肃省人民政府主办，农业部种植业管理司、甘肃省农牧厅、定西市人民政府承办

续表

时间(年)	会议名称	地点	主办
2009	中国·定西马铃薯大会、定西马铃薯良种产销衔接洽谈会	甘肃定西	农业部、甘肃省人民政府主办，农业部种植业管理司、甘肃省农牧厅、定西市人民政府承办
2010至今	中国·定西马铃薯大会	甘肃定西	农业部、甘肃省人民政府主办，农业部种植业管理司、甘肃省农牧厅、定西市人民政府承办
2015	南方马铃薯大会	湖北恩施	国际马铃薯研究中心亚太中心、中国作物学会马铃薯专业委员会、中国农产品市场协会、中国优质农产品开发服务协会、中共恩施州委、恩施州人民政府共同举办

（二）马铃薯文化节

1. 中国定边马铃薯文化节（第一届 2007 年 8 月，第二届 2009 年 8 月，第三届 2012 年 8 月）

陕西定边连续举办了马铃薯文化节，历届文化节由开幕式大型文艺演出、马铃薯种植基地观摩和马铃薯成套设备展示、现代农业机械推荐展销及农产品展销、中国烹饪协会马铃薯之乡挂牌及中国名宴（定边风光、金玉良缘）展示、马铃薯及世界粮食安全高峰论坛、第二届民俗赛驴大会、定边县十里沙全国农业生态旅游示范园开园仪式等活动组成。

2. 乌兰察布马铃薯文化节（第一届 2008 年 9 月，第二届 2010 年 8 月，第三届 2012 年 7 月）

内蒙古乌兰察布市连续举办了马铃薯文化节，历届文化节开展了马铃薯经贸洽谈会、赛薯会、马铃薯食品菜系比拼、马铃薯产业高层论坛等一系列活动。

3. 中国南方威宁马铃薯文化节（第一届 2008 年 6 月，第二届 2009 年 6 月，第三届 2012 年 6 月）

贵州威宁市连续举办了南方威宁马铃薯文化节，内容包括主题大型文艺晚会，实地参观现代农业示范基地、马铃薯基地，中国南方马铃薯产业发展论坛等。

4. 中国滕州马铃薯节及马铃薯烹饪大赛（第一届 2009 年 4 月，第二届 2010 年 4 月，第三届 2011 年 4 月，第四届 2012 年 4 月，第五届 2013 年 4 月，第六届 2014 年 4 月）

为着力打造“滕州马铃薯”品牌，实现经济与文化共同推进，山东省滕州市连续举办了“中国马铃薯之乡·滕州科技摄影图片展”、马铃薯技术培训会、滕州马铃薯订货会、马铃薯厨艺大赛等活动。

5. 贵州马铃薯文化节（2010 年 5 月）

为展示贵州省马铃薯种植面积、总产、生态、区位、品质、周年生产、文化等优势，宣传和推介马铃薯种薯、商品薯，加强科研、生产、经贸合作和招商引资，提高贵州马铃薯知名度，促进马铃薯加工业发展、鲜薯外销和脱毒种薯基地的建立，增强马铃薯市场竞争力，推动马铃薯走向全国、走出国门，促进马铃薯产业健康快速发展，增加农民收入，2010 年 5 月特举办了贵州马铃薯文化节。

（三）马铃薯年

1. 国际马铃薯年

在2005年11月联合国粮农组织两年一次的大会上，由秘鲁常驻代表建议并由大会通过了一项决议，寻求将世界关注的重点放在马铃薯对粮食安全及扶贫的重要作用上。该项决议被提交给联合国秘书长，请联合国大会宣布2008年为国际马铃薯年。2005年12月7日联合国第60届大会接受了决议草案，并请粮农组织推动落实2008国际马铃薯年。在2007年10月16日，世界粮食日刚刚过去两天之后，联合国第62届大会宣布2008年为“国际马铃薯年”。

国际马铃薯年旨在提高这一具有全球重要意义的粮食作物和商品的形象，重视其生物和营养特点，从而促进其生产、加工、消费、销售和贸易。

2. 甘肃省马铃薯产业年

2005年，甘肃省政府将马铃薯产业列为全省第一大优势产业，进行重点扶持培育，并将该年确定为“甘肃省马铃薯产业年”。

三、马铃薯专业市场建设

目前，各地已相继建设了一批马铃薯专业批发市场，并通过了国家相关部门的认定。

（一）甘肃定西马铃薯批发市场

甘肃定西马铃薯批发市场为全国首个国家级马铃薯批发市场。2012年11月10日上午，“定西马铃薯——中国驰名商标”新闻发布会在北京举行。发布会后，农业部和甘肃省政府签署了合作协议，确定全国首个国家级马铃薯批发市场落户甘肃定西。农业部副部长陈晓华介绍说，定西马铃薯批发市场建设是农业部继洛川苹果、舟山水产大市建设之后，启动建设的第三个国家级农产品批发市场，旨在促进马铃薯主产区率先实现专业化、标准化、规模化和集约化，提升马铃薯产业核心区发展水平，形成贸工农一体化的试验示范区，打造马铃薯产业的国家级平台，增强我国马铃薯产业的整体核心竞争力。

此外，甘肃省定西市已建成临洮康家崖、陇西文峰、安定马铃薯综合交易中心、安定巉口、渭源会川、岷县梅川等6个较大规模的马铃薯专业批发市场。其中，临洮康家崖市场、安定马铃薯综合交易中心、陇西文峰市场、渭源会川市场被农业部定为全国重点马铃薯专业批发市场。全市有中小型马铃薯交易市场50多个，参与马铃薯交易的农贸市场185个，有2 000多个收购网点遍布全市乡村，马铃薯贩运大户达3 125个，年外销量150万吨以上。

（二）内蒙古乌兰察布市察右后旗北方马铃薯批发市场

2007年7月，国家农业部授予内蒙古乌兰察布市察右后旗乌兰哈达马铃薯批发市场为“中华人民共和国定点市场”，并授予“中国农产品市场协会理事”证书，命名为“内蒙古乌兰察布市察右后旗北方马铃薯批发市场”。

（三）宁夏西吉将台马铃薯专业批发市场

宁夏西吉将台马铃薯批发市场于2006年启动建设，2007年10月竣工投入使用。共建成150吨以上鲜薯储藏窖200座10 080平方米，营业用房150间4 320平方米，并配有100吨地秤、信息中心等公用基础设施，储藏能力达3万吨，已成为集交易批发、储藏保鲜、加工包装、信息发布于一体的功能较为齐全的专业市场。该市场的建成改变了当地马铃薯集中上市、地头交易、分散销售的现状，实现了储藏增值和流通增值，对进一步促进马铃薯产业全面发展和增加农民收入发挥了积极作用。

除了上述马铃薯专业市场外，国内批发经营马铃薯和其他蔬菜的大型批发市场还有142个。

四、马铃薯行业协会与专业经济合作组织

（一）马铃薯行业协会

1. 亚洲马铃薯协会（PAP）

亚洲马铃薯协会（PAP）成立于1979年11月，协会办公地址设在印度西姆拉中央马铃薯研究所。其目的在于扩大马铃薯的栽培，加强亚洲各国之间的合作，以提高马铃薯的产量。协会现有三个分会：日本马铃薯研究会、孟加拉国马铃薯协会和印度马铃薯协会。亚洲马铃薯协会有来自亚洲各国的58名工作人员。1981年，协会开始发行“亚洲 马铃薯通讯”（半年刊），向其会员国介绍有关新技术、用于特殊目的而培育的优良马铃薯材料和适合亚温带、亚热带和热带环境的新品种。亚洲马铃薯协会还有一些个体会员、荣誉会员以及经亚洲马铃薯协会理事会承认的各国马铃薯学会所属的分会等。

2. 美国马铃薯协会（USPB）

美国马铃薯协会（USPB）成立于1972年，协会办公地址位于科罗拉多州丹佛市，最初是由一些马铃薯种植者为宣传推广马铃薯的食用益处而发起的。美国马铃薯协会代表全美6 000多家马铃薯种植者和经营者的利益。协会实行公司化运作，每年选出一名董事会主席，104名董事，监督协会总裁工作。协会的经费主要由马铃薯种植者根据销售比例交纳，每一磅交2.5美分。而在做培训、开研讨会或开展推广等活动时，可以向美国农业部申请经费，由政府资助。

美国马铃薯协会在全球设有25个办事处，人员也非常精干，近年来很活跃。它是最早开发商品营养价值表并获得美国农业部和美国食品药品监督局批准的组织机构之一。一直以来，美国马铃薯协会通过培育消费者公共关系，进行营养教育，举办零售点活动，实行餐饮服务营销和出口计划，致力于向消费者、零售商、烹饪专业人士宣传马铃薯的益处、营养和多种用途。美国马铃薯协会的目标就是通过公关，建立马铃薯的健康形象，介绍其营养价值，提供菜谱，鼓励人们多食用，并向零售商推销。此外，还要通过创新，扩大马铃薯产品的应用范围。

3. 中国马铃薯农场主联盟（CPFA）

中国马铃薯农场主联盟（China Potato Farmers Alliance，简称CPFA）成立于2014年7月，是由拥有较大规模的马铃薯生产基地、具有现代农业生产技术装备和生产管理规范的马铃薯生产企业、农业合作社、家庭农场和种植基地以及马铃薯产业相关的加工企业、营销流通企业和农资企业自愿参加的非营利性、自律性行业社会团体。联盟以自愿、平等、合作、共赢为原则，以搭建共享平台、促进合作交流、提升种植效益、推动产业核心竞争力升级为宗旨，面向全国、服务产业、联合协作、开放发展。联盟遵守中华人民共和国宪法、法律、法规，遵守社会道德准则，贯彻执行国家相关产业发展的方针政策，积极为构建和谐社会做贡献。联盟办公地址设在内蒙古自治区呼和浩特市内蒙古农牧业科学院内。

4. 其他地方性马铃薯专业协会

地方性马铃薯专业协会的宗旨是以马铃薯相关产业的科研院所为技术依托，以服务三农、科技创新、创建品牌、出口创汇、增加效益和做大产业为目标，组织和协调马铃薯产业各环节之间的关系，深入调查研究，搞好技术服务，促进和推动马铃薯的生产经营向专业化、集团化、产加销一体化发展。开展大生产、进入大市场、实行大流通，为农业增产、农民增收贡献力量。坚持民办、民管、民受益、自我约束、自我完善、自我发展。目前主要有宁夏回族自治区马铃薯协会（2002）、甘肃省定西市安定区马铃薯经销协会（2003）、广东省惠东县马铃薯产业协会（2003）、黑龙江省马铃薯协会（2004）、山东省马铃薯协会（2006）、甘肃省食品工业协会马铃薯专业委员会（2006）、甘肃省马铃薯产业协会（2007）、内蒙古自治区马铃薯产业协会（2012）、宁夏回族自治区马铃薯产业协会（2013）、贵州省马铃薯产业协会（2013）等。

（二）马铃薯专业经济合作组织

农业部的数据显示，截至2011年年底，全国在工商行政管理部门登记的农民专业合作社已超50万家，其中农民专业合作社示范社有6663家。2012年6月，农业部又公示了600个全国农民专业合作社示范社。根据2013年农民专业合作社示范社名单，共筛选出含马铃薯、土豆、洋芋名称的全国农民专业合作社示范社62家。

目前，我国农民合作社的类型主要包括农民专业技术协会、农民专业合作社等多种模式，其创办主体包括供销社、国有企业、乡镇集体组织、政府部门、事业单位、农民等。这些农民专业合作社，走“公司+合作组织+农户”的路子，对农民进行培训，提供产销信息，实行订单生产，促进了马铃薯产加销的有效衔接。国内比较有影响力的马铃薯专业合作社主要有甘肃定西喜农马铃薯专业合作社（2006）、黑龙江讷河市吉庆马铃薯合作社（2006）、甘肃西和县何坝镇民旺马铃薯专业合作社（2007）、贵州威宁自治县南方马铃薯专业合作社（2008）、陕西定边县鼎轩马铃薯专业合作社（2008）、甘肃渭源县五竹马铃薯良种繁育专业合作社（2009）等。

五、马铃薯品牌建设

（一）马铃薯产地品牌

国家相关部门通过在全国范围内评选、认定、命名“中国马铃薯之都”、“中国马铃薯之乡”等活动，来创建马铃薯产地品牌，搭建宣传营销平台。

1. 马铃薯之都

中国食品工业协会于2009年3月20日正式授予内蒙古自治区乌兰察布市“中国马铃薯之都”（简称“中国薯都”）称号，以增进马铃薯产业文化内涵，弘扬马铃薯文化。2010年8月28日，在中国（齐齐哈尔）第十届绿色食品博览会开幕式上，黑龙江省克山农场被中国绿色食品发展中心、中国绿色食品协会、中国科学院农业项目办公室、农业部农业机械化技术开发推广总站、中国农业生态环境保护协会等联合授予“绿色农业马铃薯之都”荣誉称号。

2. 中国马铃薯之乡

据不完全统计，截至目前，全国被命名为“中国马铃薯之乡”的地区主要有：黑龙江讷河（国务院发展研究中心、中国农学会，1996）、甘肃定西（中国农学会特产之乡组委会，2001）、黑龙江滕州（国家农业部，2004）、宁夏西吉（中国特产之乡推荐暨宣传活动组织委员会，2004）、内蒙古武川（中国新西部高层论坛，2004）、陕西定边（农业部，2007）、河北围场（1999）等。此外，还相继命名了“中国马铃薯美食之乡”（陕西定边，中国烹饪协会，2007）、“中国马铃薯良种之乡”（甘肃渭源，中国农学会特产之乡组委会，2001）、“中国南方马铃薯之乡”（贵州威宁，中国食品工业协会马铃薯专业委员会，2010）等。

（二）马铃薯品牌企业

国外马铃薯品牌企业主要有 Aviko 公司（荷兰）、艾维贝 Avebe 公司（荷兰）、罗盖特公司（法国）、尼沃巴（淀粉）机械公司（荷兰）、KMC 公司（丹麦）等。

据不完全统计，截至 2015 年，国内与马铃薯相关的农业产业化国家重点龙头企业有 9 家，分别是内蒙古奈伦集团股份有限公司、宁夏北方淀粉股份有限公司、长春市金源集团实业有限公司、甘肃腾胜蔬菜土特产购销有限公司、山西嘉利科技股份有限公司简介、山西太原蓝顿旭美食品有限公司、陇西县清吉洋芋开发有限责任公司、宁夏佳立生物科技有限公司、黑龙江北大荒马铃薯产业有限公司等。

截至 2007 年，国内较成型的马铃薯淀粉加工厂有 50 多家，其中年产 2 万吨以上的加工企业有 11 家，主要是内蒙古奈伦农业科技股份有限公司、内蒙古科鑫源集团有限公司、内蒙古飞马食品有限公司、青海威思顿生物工程公司、甘肃兴达淀粉工业有限公司、宁夏佳立生物科技有限公司、黑龙江北大荒马铃薯产业有限公司、黑龙江大兴安岭丽雪精淀粉公司、吉林长春金源实业集团有限公司、云南润凯实业有限公司、云南昭阳威力淀粉有限公司。此外，还有呼和浩特华欧淀粉制品有限公司、内蒙古龙的马铃薯有限公司、河北省围场双九淀粉公司、山西古陵山淀粉有限公司、山西嘉利科技股份有限公司、山西雪龙淀粉有限公司、甘肃腾胜集团淀粉公司、甘肃祁连雪淀粉工贸有限公司、甘肃金大地精淀粉有限责任公司、甘肃晨雪淀粉有限责任公司、甘肃凯龙淀粉有限公司、宁夏福宁广业有限公司、宁夏瑞丰马铃薯制品有限公司、宁夏国联马铃薯产业有限公司、陕西新田源集团公司、新疆雪龙淀粉有限公司、黑龙江沃华马铃薯制品有限公司、黑龙江雪花淀粉集团有限公司、黑龙江如意淀粉食品有限公司、黑龙江碧港淀粉有限公司、内蒙古大雁鹤声薯业有限公司、内蒙古民生淀粉有限公司、云南华业有限责任公司、四川必喜食品有限公司等 24 家企业。

（三）马铃薯产品品牌

1. 马铃薯种植产品品牌

国内马铃薯生产种植产品品牌主要有马铃薯地理标志产品、无公害产品、绿色产品以及有机产品等。

（1）地理标志产品：据不完全统计，全国现有马铃薯地理标志产品 28 个，见表 3-8。

表 3-8　全国马铃薯地理标志产品

序号	产品名称	获准年度	所属省区	状态
1	滕州马铃薯	2008	山东	注册
2	定边马铃薯	2009	陕西	批准

续表

序号	产品名称	获准年度	所属省区	状态
3	围场马铃薯	2009	河北	批准
4	万源马铃薯	2009	四川	批准
5	西吉马铃薯	2008	宁夏	批准
6	威宁洋芋	2010	贵州	注册
7	乌兰察布马铃薯	2011	内蒙古	批准
8	武川土豆	2011	内蒙古	批准
9	凉山马铃薯	2009	四川	批准
10	黄麻子土豆	1998	黑龙江	注册
11	“太平庄”牌马铃薯	2009	内蒙古	注册
12	“富奇”牌马铃薯	2006	内蒙古	注册
13	“红格尔”马铃薯	2006	内蒙古	注册
14	“图木苏”马铃薯	2008	内蒙古	注册
15	“渭河源”马铃薯种薯	2007	甘肃	注册
16	讷河马铃薯	2010	黑龙江	
17	洮南万宝粉丝	2009	吉林洮南	注册
18	大通马铃薯	2009	青海	注册
19	艾玛土豆	2003	西藏	批准
20	互助马铃薯	2006	青海	注册
21	宣威土豆	2005	云南	注册
22	临洮马铃薯	2009	甘肃	注册
23	定西马铃薯脱毒种薯及其制品	2004	甘肃	批准
24	安定区专用型马铃薯及其加工制品		甘肃	批准
25	定西马铃薯	2009	甘肃	批准
26	渭源县马铃薯良种	2009	甘肃	原产地标记认证
27	“五竹”牌马铃薯良种	2009	甘肃	注册
28	渭源种薯	2009	甘肃	注册
—	—	—	—	—

（2）无公害马铃薯产品：无公害马铃薯是指产地环境、生产过程和产品质量符合国

家有关标准和规范的要求，经认证合格获得认证证书并允许使用无公害农产品标志的优质马铃薯及其加工制品。目前，全国马铃薯主产地普遍推行无公害种植，面积与产量逐年增加。

（3）绿色马铃薯产品：据不完全统计，全国获绿色食品认证的马铃薯品牌有 12 个，见表 3-9。

表 3-9 **全国绿色马铃薯产品**

序号	产品名称	获准年度	所属省区	状态
1	黑美人土豆	2008	甘肃陇神	—
2	金蛋蛋土豆	2008	甘肃陇神	—
3	“川豆”马铃薯	2006	内蒙古武川	—
4	标准化生产基地	2011	山西天镇	15 万亩
5	金曙王马铃薯基地	2001	山东滕州	3 万亩
6	金芝旺牌、界河牌、瑞阳牌等基地	2006	山东滕州	20 万亩
7	“富奇”牌马铃薯	2005	内蒙古乌兰察布	—
8	“太平庄”牌马铃薯	2010	内蒙古乌兰察布	—
9	“腾胜”牌马铃薯	2003	甘肃定西	—
10	“鲁家沟”牌马铃薯	2004	甘肃定西	—
11	“清吉”牌马铃薯	2004	甘肃定西	—
12	西吉县马铃薯	2006	宁夏西吉	—

（4）有机马铃薯：有机马铃薯是指在整个生产过程中都必须按照有机农业的生产方式进行，也就是在整个生产过程中必须严格遵循有机食品的生产技术标准，即生产过程中完全不使用农药、化肥、生长调节剂等化学物质，不使用基因工程技术，同时还必须经过独立的有机食品认证机构全过程的质量控制和审查。所以，有机蔬菜的生产必须按照有机食品的生产环境质量要求和生产技术规范来生产，以保证它的无污染、富营养和高质量的特点。全国获国家有机食品认证的马铃薯品牌见表 3-10。

表 3-10 **国内有机马铃薯食品认证品牌**

序号	产品名称	获准年度	所属省区	状态
1	界河牌马铃薯	2008	山东滕州	—
2	高山马铃薯基地	2010	江西上饶红日农业	1 500 亩
3	“川宝”牌马铃薯种植基地	2007	内蒙古武川	5 000 亩
4	张集有机马铃薯	2010	山东宁津	150 亩
5	“大江”牌马铃薯	2003	甘肃定西	—

2. 马铃薯加工产品品牌

国内外主要马铃薯加工品牌产品见表3-11、表3-12、表3-13。

表3-11　　国外主要马铃薯加工品牌产品

序号	产品名称	产品类型	生产企业
1	马铃薯全粉	淀粉	荷兰尤尼森公司
2	“品客”复合薯片	休闲食品	美国宝洁公司
3	“特脆星”复合薯片	休闲食品	美国那贝斯克公司
4	“百乐顺”复合薯片	休闲食品	德国 Bahlsen 公司
5	“妈咪”复合薯片	休闲食品	马来西亚妈咪公司
6	“LIFTOFFS”复合薯片	休闲食品	英国 Golden Wonder 公司
7	炸薯条	休闲食品	麦当劳
8	冷冻薯条	休闲食品	加拿大公司（麦卡恩）

表3-12　　国内主要马铃薯加工品牌产品

序号	产品名称	质量水平	产品类型	生产企业
1	“银鸥”牌马铃薯淀粉、全粉	获中国绿色食品标志产品认证	淀粉、全粉	宁夏佳立生物科技有限公司
2	“千里雪”马铃薯精淀粉	获ISO9001：2000质量管理体系认证	淀粉	甘肃金大地淀粉有限责任公司
3	“雪花”牌马铃薯淀粉	A级绿色食品 全国淀粉十佳名优品牌	淀粉	黑龙江省雪花淀粉集团有限公司
4	“港进”牌无明矾粉丝、粉皮	A级绿色食品 中国放心食品信誉品牌	粉丝粉皮	黑龙江港进食品科技开发有限公司
5	“银鸥”牌马铃薯生粉	质量达到国颁GB8884-88特级标准	马铃薯生粉	宁夏北方淀粉股份有限公司
6	预糊化淀粉（GSP）	国内领先	预糊化淀粉	
7	“威思顿”牌马铃薯精淀粉	ISO9001：2000质量管理体系认证、QS生产许可认证、HACCP食品安全管理体系认证及有机转换产品认证	精演粉	青海威思顿生物工程有限公司
8	马铃薯蛋白		蛋白质	
9	“清吉”牌马铃薯精淀粉	获第七届中国国际农产品交易会金奖	精淀粉及其衍生物	陇西县清吉洋芋开发有限责任公司

表 3-13　　国内主要马铃薯加工食品品牌

	产品	类型	生产企业
1	“大家宝”复合薯片	快餐及方便休闲食品	北京兴运实业有限公司
2	“卡乐芙”复合薯片	快餐及方便休闲食品	汕头荣豪公司
3	“圆圆”复合薯片	快餐及方便休闲食品	汕头经济特区裕生食品有限公司
4	速冻薯条	休闲食品	北京辛普劳食品有限公司
5	速冻薯条	休闲食品	山西嘉利科技股份有限公司
6	速冻薯条	休闲食品	甘肃金大地食品有限公司
7	速冻薯条	休闲食品	云南鑫海食品有限公司
8	[脆脆乐] 薯类系列（薯片、薯条等）	休闲食品	北京凯达恒业（北京香豆豆食品有限公司）

第四节　马铃薯科研文化与教育

一、马铃薯科研组织机构

目前，从事马铃薯科研的主要组织有政府部门及技术服务机构、科研院所、高校、公司、企业集团、行业学会（协会）等。

（一）马铃薯研究中心

1. 国际马铃薯研究中心（CIP）

国际马铃薯研究中心（International Potato Center，简称 CIP），是于 1971 年在秘鲁成立的一个国际研究中心，其前身为美国北卡罗来纳州的南美马铃薯研究项目。次年，CIP 加入了国际农业研究磋商小组（Consultative Group on International Agricultural Research，简称 CGIAR）。作为一个非政治、非营利的学术研究机构，CIP 的主要任务是通过对马铃薯、甘薯和其他安第斯块根块茎类作物的研究与开发，帮助发展中国家提高块根、块茎类作物的生产力。

CIP 的总部设在南美洲的秘鲁首都利马，实行理事会负责制。中心设总主任 1 名，副总主任 3 名，分管科研、行政财务与国际合作。中心有 4 个研究系，分别为作物改良与遗传资源系、作物保护系、生产体系与自然资源管理系及社会科学系。CIP 在全球设立了 5 个地区和 11 个国家办事处。CIP 驻京办即为其中的一个国家办事处，并将在北京建立亚太区域研究中心。

2. 美国科罗拉多州马铃薯研究中心

科罗拉多州的马铃薯研究中心就设在种薯的主产地——圣路易斯山谷，是全美最大最主要的马铃薯研究机构。这个研究中心是科罗拉多州立大学的一部分，主要进行马铃薯种薯的培育、马铃薯病虫害防治以及节水、高产等机械设备的研究。中心有 5 名教授，还有几十名辅助人员。有 160 英亩试验田，已研究出 475 个品种的种薯。

3. 国际马铃薯亚太区域中心（CCCAP）

国际马铃薯亚太区域中心（CCCAP）于2010年4月14日在北京延庆成立，位于延庆县北京马铃薯产业高科技园区内，是国际农业研究磋商组织（CGIAR）在中国正式设立的第一个具有独立国际法人地位的公益性区域研究中心，由科学研究、技术支撑、行政管理与后勤服务三大部分构成，主要致力于薯类作物种质资源利用与新品种选育和推广、综合生产技术研究和社会经济与营养健康分析评价等各项工作。该中心将在中国政府的支持下，由国际马铃薯中心负责独立运行。

（二）马铃薯工程技术中心

1. 国家马铃薯工程技术研究中心

国家马铃薯工程技术研究中心于2007年11月经国家科技部批准成立，位于山东省德州市乐陵市黄夹镇许家村。中心依托乐陵希森马铃薯产业集团有限公司，以山东省马铃薯工程技术研究中心作为国家马铃薯工程技术研究中心的运行载体，以山东省马铃薯工程技术研究中心的生产基地作为国家马铃薯工程技术中心的示范生产基地，以乐陵希森马铃薯产业集团有限公司在建的马铃薯全粉和薯条加工厂为加工新产品、新工艺的研发基地，以内蒙古、黑龙江、吉林、云南的马铃薯加工企业示范和推广基地形成有机的研发推广网络体系，为我国马铃薯工程技术研发和推广提供科技平台。

2. 其他马铃薯工程技术中心

我国其他马铃薯工程技术中心有：湖北省马铃薯工程技术研究中心、湖南省马铃薯工程技术研究中心 、内蒙古自治区马铃薯工程技术研究中心、重庆市马铃薯工程技术研究中心、甘肃省马铃薯工程技术研究中心、黑龙江省马铃薯工程技术研究中心、山东省马铃薯工程技术研究中心、四川省马铃薯工程技术研究中心、宁夏回族自治区马铃薯工程技术研究中心、贵州省马铃薯工程技术研究中心、甘肃省马铃薯淀粉加工工程技术研究中心、甘肃省马铃薯变性淀粉工程技术研究中心等。

（三）马铃薯研究院所

马铃薯科研机构分政府研究机构、民营企业研究机构和民间非盈利研究机构。其中，政府研究机构分国家和地方两级，国家马铃薯科学研究体系由中国农业科学院、中国林业科学院、中国水产科学研究院、中国热带农业科学院、中国农业机械化科学研究院等组成，地方马铃薯科学研究机构则由各省和地区农业科学院与农业科技推广机构组成。国内马铃薯科学研究院所主要有：安徽省农业科学院 、湖北省农业科学院、四川省农业科学院、北京农林科学院、湖南省农业科学院、天津市农业科学院、北京食品学会、华中农业大学马铃薯研究室、西藏自治区农牧科学院、东北农业大学农学系 、吉林省农业科学院、新疆农业科学院、福建省农业科学院、江苏省农业科学院、云南省农业科学院、甘肃农业大学农学系、江西省农业科学院、云南师范大学薯类作物研究所、广西农业科学院、辽宁省本溪市马铃薯研究所、浙江省农业科学院、贵州省农业科学院、辽宁省农业科学院、中国农机院薯类与淀粉工程技术中心、海南省农业科学院、宁夏农林科学院、中国农业机械化科学研究院、河北省高寒研究所、青海省农业科学院作物所、中国农业科学院、河北省农林科学院、山东省农业科学院、重庆市农业科学院、河南省农业科学院、山西省农业科学院、黑龙江省农业科学院克山马铃薯研究所、上海市农业科学院，等等。

（四）马铃薯学术研究团体

1. 中国作物学会马铃薯专业委员会

中国作物学会马铃薯专业委员会是中国作物学会所属的12个专业委员会之一，主要致力于促进中国马铃薯的研究与开发。本届专业委员会委员来自28个省、市、自治区的55个单位，共计71人，其中女委员10人，平均年龄42.9岁。全体委员均具大专以上学历，其中博士14人（占19.7%）、硕士18人（占25.4%）。与上届委员组成相比，其突出特点是增加了高学历委员和企业界委员，充分反映了我国马铃薯行业的发展趋势。《中国马铃薯》是本专业委员会唯一的学术期刊。

2. 中国淀粉工业协会马铃薯淀粉专业委员会

2006年中国淀粉工业协会以内蒙古奈伦农业科技股份有限公司为牵头单位成立了中国淀粉工业协会马铃薯淀粉专业委员会，任命奈伦农业科技股份有限公司为主任委员单位。内蒙古奈伦农业科技股份有限公司为内蒙古奈伦集团股份有限公司的全资子公司，国家八部委确定的首批151家农业产业化重点龙头企业之一，内蒙古自治区20家重点培育和发展的企业（集团）之一。公司目前是国内马铃薯淀粉生产规模最大的企业，在全国同行业中起着领导与协调的作用。

3. 中国食品工业协会马铃薯食品专业委员会

中国食品工业协会马铃薯食品专业委员会经国家民政部批准正式成立于2006年3月，是由全国马铃薯食品行业的企业、事业单位、科研单位、大专院校、社团法人单位及马铃薯食品行业工作者等自愿结成的非营利性的行业服务机构，在中国食品工业协会的领导下开展工作。其宗旨是以市场为导向，服务于企业，维护企业的合法权益，协调与发展行业间、企业间和国际间的关系与合作，加强行业管理，建立健全和完善我国马铃薯产业链的组织结构，推动我国马铃薯食品产业的快速健康发展。

二、马铃薯科学研究成果

（一）马铃薯科技知识

1. 马铃薯的基本形态

马铃薯因外形酷似马铃铛而得名，此名称最早见于康熙年间的《松溪县志食货》。中国东北称土豆，华北称山药蛋，西北和两湖地区称洋芋，江浙一带称洋番芋或洋山芋，广东称之为薯仔，粤东一带称荷兰薯，闽东地区则称之为番仔薯。

英语potato来自于西班牙语patata。据西班牙皇家学院称，此西班牙词汇由泰依诺语batata（红薯）和克丘亚语papa（马铃薯）混合而来。在拉丁美洲，“马铃薯”的西班牙语用papa一词。

一棵马铃薯由根、茎、叶、花和果实等组成。马铃薯的根是吸收营养和水分的器官，同时还有固定植株的作用。用薯块进行无性繁殖生的根，呈须根状态，称为须根系；而用种子进行有性繁殖生长的根，有主根和侧根的分别，称为直根系。

马铃薯的茎分为地上茎、地下茎、匍匐茎和块茎4种。地上的主茎近似三棱或四棱形，高0.5~1米，分枝4~8个，茎直立或略带蔓性，有茸毛。地下茎有6~8节，每节上都能发生匍匐茎，匍匐茎是由主茎地下部退化叶腋萌发的，匍匐茎的顶端在温湿度适宜、处于黑暗条件下，节间短缩，积累养分形成块茎。块茎是马铃薯积累养分的器官，也是食用部分。块茎外皮的颜色多为白、黄、粉红、红、紫和黑色，内部薯肉多为白、淡黄、黄、黑、青、紫及黑紫色。

马铃薯的初生叶为单叶，全缘。随植株的生长，逐渐形成奇数不相等的羽状复叶。复叶上小叶常大小相间，全缘，两面均被白色疏柔毛。马铃薯叶中的叶绿体吸收阳光，把根吸收来的营养和水分以及叶片本身在空气中吸收的二氧化碳，制造成富有能量的有机物质，同时释放出氧气。这些有机物质，供应根、茎、叶、花等生长时应用，并通过地上茎、地下茎、匍匐茎，输送到块茎中储藏起来。

马铃薯的花为伞房花序，花白色或蓝紫色；萼钟形，直径约1厘米。马铃薯的花在生物学上是有性繁殖器官，是鉴别马铃薯品种的依据，也是杂交育种的唯一部位。

马铃薯的果实及其种子，是马铃薯进行有性繁殖的唯一特有器官。马铃薯果实呈圆球状，光滑，绿或紫褐色，直径约1.5厘米。种子呈肾形，黄色。

总体来看，马铃薯花的颜色有紫、黄、白等颜色；马铃薯块茎的形状有扁圆形、圆形、卵圆形、倒锥形、椭圆形、圆柱形、长柱形和长形；还有棒状、肾形、纺锤形、钩状、卷曲、手指状、手风琴状和堆积状等；马铃薯块茎的颜色有黄色、红色、蓝色、紫色、紫罗兰色以及带黄色斑点的粉色等，呈现出形态多样、色彩丰富的外部性状。

2. 马铃薯的种质与品种

根据当代英国农学家霍克斯（P. M. Hawkes）的分类，马铃薯属于茄科（Solanaceae）茄属（Genus Solanum）马铃薯亚属（Subgenus Potatoes）。目前发现的马铃薯235个种，其中7个栽培种，228个野生种，能结薯的176个。栽培种又包括普通栽培种和原始栽培种，普通栽培种在世界各国广泛栽培，也被称为现代栽培种，7个原始栽培种均分布于南美洲安第斯山不同海拔高度区域。

种质资源又称遗传资源，可直接作为农作物杂交育种的材料，培育人类所需的、有用的新品种或新物种。截至2009年，国际马铃薯中心（CIP）已保存各类马铃薯种质资源近20 000份，其中以试管苗方式保存的资源有近7 000份，以种子方式保存的资源有近14 000份。中心基因库中收集有114个野生种的2 118个品系。

目前，全世界马铃薯有几千个品种，原产地秘鲁有3 500个品种，中国有品种830个。按成熟期不同，可将马铃薯分为极早熟（生育期50~60d）、早熟（生育期60~80d）、中熟（生育期80~100d）、中晚熟（生育期100~120d）以及晚熟（生育期120d以上）等5个品种；按用途不同，可将马铃薯分为鲜食、加工和种用三大类型，其中加工类又可分为炸片加工、炸条加工、淀粉加工、全粉加工等品种类型。

我国1934年开始从国外引进了大批马铃薯的品种、近缘种和野生种。据估计，目前我国共保存有1 500~2 000份种质资源，引进的132份国外马铃薯品种培育出了240多个品种，主要用于生产的达90多个。

3. 马铃薯的营养价值

马铃薯营养丰富，素有“能源植物”、“地下苹果”、“第二面包”等多种美誉。马铃薯被营养学家认为是“21世纪的健康食品”。美国农业部研究中心的314号研究报告指出：“作为食品，全脂奶粉和马铃薯两样便可以提供人体所需的一切营养素。”

马铃薯块茎中含有人体所不可缺少的蛋白质、脂肪、糖类、粗纤维、矿物质和各种维生素等六大营养物质。除脂肪外，马铃薯块茎中的淀粉、蛋白质、维生素C、B1、B2以及微量元素 Fe 等含量显著高于其他作物。马铃薯蛋白质中含有 18 种氨基酸，包括人体不能合成的各种必需氨基酸，特别是其中的赖氨酸、色氨酸，含量高达 93mg/100g、32mg/100g，为其他粮食所缺乏。马铃薯块茎含有钾、钙、磷多种矿质元素，且多呈强碱性，为一般蔬菜所不及，对平衡食物的酸碱度与保持人体血液的中和，具有显著的效果。马铃薯还含有维生素 A、B1、B2、B5、PP、B6、C、H、K 及 M 等，是维生素含量最全的粮食作物。

4. 马铃薯的保健价值

（1）防病治病：马铃薯不但营养价值高，而且还有一定的医疗保健作用。据卡斯特亚诺在《格兰那达新王国史》一书中记载：在马铃薯源产地，古印第安人把生薯切片敷在断骨上疗伤，擦额头治疗头疼，外出时随身携带预防风湿病；或者和其他食物一起吃，预防消化不良等。中医认为，马铃薯性平、味甘、无毒，能健脾和胃，益气调中，缓急止痛，通利大便。对脾胃虚弱、消化不良、肠胃不和、脘腹作痛、大便不畅的患者效果显著。

现代研究证明，马铃薯还有和胃、健脾、益气的作用，可以预防、治疗胃和十二指肠溃疡、慢性胃炎、习惯性便秘、皮肤湿疹等疾病，并有解毒、消炎的功效。马铃薯是胃病和心脏病患者的良药及优质保健品；马铃薯含有丰富的黏体蛋白——一种多糖蛋白混合物，能预防心血管系统的脂肪沉积，保持动脉血管的弹性，防止动脉硬化的过早发生，还可以防止肝肾中结缔组织的萎缩，保持呼吸道和消化道的润滑。

马铃薯中的酚类物质是天然的抗氧化剂，具有清除 DNA 损伤产生的亲电子物质、自由基、有毒金属离子，抑制能催化致癌的酶的活性，诱导产生能清除癌毒的酶的作用，并具有降低血糖和防止糖尿病的作用。

马铃薯中的绿原酸能与食品中的亚硝酸盐结合，阻止致癌物亚硝胺的合成；能 100% 地结合致癌物苯并芘，减轻黄曲霉素的致癌作用。绿原酸还可与其他酚类化合物结合，具有阻止脂蛋白氧化的能力。

马铃薯淀粉在人体内吸收速度慢，是糖尿病患者的理想食疗蔬菜。马铃薯中含有大量的优质膳食纤维，在肠道内可以供给肠道微生物大量营养，促进肠道微生物生长发育；同时还可以促进肠道蠕动，保持肠道水分，有预防便秘和防治癌症等作用。

马铃薯中钾的含量极高，是钾最理想的来源。钾是保护心脏的重要元素，马铃薯又易于消化吸收，故马铃薯是心脏病、肾病患者的有益食品。每周吃五六个马铃薯，可使患中风的几率下降，对调解消化不良又有特效；马铃薯还有防治神经性脱发的作用，用新鲜马铃薯片反复涂擦脱发部位，对促进头发再生有显著的效果。

马铃薯中的维生素 C，不仅对脑细胞具有保健作用，而且还能降低血中胆固醇。此外，马铃薯中还含有多种美容、抗衰老成分，尤其以胡萝卜素、抗坏血酸、维生素 B1、维生素 B2、维生素 E 等成分最为突出。

（2）护肤美容：土豆是天然的美容佳品，有很好的呵护肌肤、保养容颜的功效。新鲜土豆汁液直接涂敷于面部，增白作用十分显著。人的皮肤容易在炎热的夏日被晒伤、晒黑，土豆汁对清除色斑效果明显，并且没有副作用，具有消除黑眼圈、为肌肤补水、祛斑美白、改善敏感肌肤、祛除眼袋等作用。

此外，马铃薯茎叶可提取茄尼醇、植物精油，制备高吸水材料、青贮饲料等；从马铃薯淀粉生产产生的马铃薯渣中，可提取和制备果胶、羧甲基纤维素钠，作为食品添加剂；提取膳食纤维，作为功能性食品；提取草酸，制备活性纤维（PAF），用于工业絮凝剂，制备清洁能源——氢气和包装纸箱粘合剂等。还可通过微生物发酵，用马铃薯渣制备酒精、聚丁烯、单细胞蛋白饲料、维生素、果糖、普鲁兰糖、肥料、沼气、乳酸、草酸、柠檬酸钙、醋、酱油，等等。

（二）马铃薯科学理论

在关于马铃薯的科学研究中，人们创立了大量新的理论体系，如马铃薯产业发展理论、生物发生发展理论、栽培学理论、单窝栽培理论、开花和杂交坐果理论、脱毒种薯生产二级体系理论、选种防治退化理论、晚疫病化学防治理论、养分资源综合理论、田间微域集水理论、收获机抖动链理论、TRIZ 理论、灰色系统理论，等等。现特举以下几例。

1. 马铃薯的退化

马铃薯通常是以块茎繁殖的，但生产上常常在种植数年后，块茎变小，产量降低，留种困难，这就是“马铃薯退化”。

2. 实生种子育薯理论

内蒙古乌盟农业科学研究所马铃薯育种专家张鸿逵，长期以来努力探索和研究解决马铃薯退化问题的途径。1956 年，他在进行杂交工作时偶然发现多子白品种自花天然结实，果实很大，种子也很多。他联想起美国马铃薯育种专家利用实生种子育成著名的布尔班克薯的经过，就细心地采集并保存了多子白的实生种子，第二年播种在采种圃里，奇迹出现了：实生种结出的薯块比用原种薯结出的薯块大得多，色泽艳丽，完全抗病。这一实验成果，变革了长期以来“吃薯必种薯”的传统观念，对马铃薯的生产以至育种、繁殖和栽培技术都产生了重大的影响。张鸿逵后来被尊称为“中国实生薯应用的奠基人”。

3. 甘肃定西马铃薯产业化发展理论

专家将甘肃定西以马铃薯为主的特色产业发展，归纳为“特色就是优势、优势创造效益、效益关注民生、民生培植特色”的闭环发展模式理论。其模式流程为：特色（peculiarity）→优势（advantage）→效益（profit）→民心（morale）→特色（peculiarity），即 PAPMP 模式。

马铃薯产业发展的 PAPMP 模式，是“定西模式”，其理论内涵如下：一是运用了发展经济学理论，对资源和资本要素极度稀缺、传统农业占据主导地位的贫困地区，通过改造传统农业使之成为现代农业，进而内生出工业化的发展路子，是区域经济发展切实可行的路径选择；二是遵循了市场营销的理论和方法，用产业经济学的理念谋划马铃薯产业，核心就是运用市场经济的手段，实施品牌营销战略；三是坚持了特色农业经济之路。

（三）马铃薯科学技术成果

1. 马铃薯国家专利技术

现代科学技术的发展，极大地推进了马铃薯生产、加工、储运等技术与方法的发展。通过对马铃薯国家专利技术的研究显示，马铃薯科学技术涉及马铃薯生产技术、马铃薯加工技术和马铃薯贮藏保鲜技术等。

马铃薯生产技术：主要有无公害马铃薯生产技术、绿色马铃薯生产技术、温室马铃薯立体栽培技术、早春拱棚脱毒马铃薯种植技术、秋马铃薯种植技术、冬种马铃薯生产技术、三膜覆盖马铃薯种植技术、干旱沙土地马铃薯种植技术、“黑美人”马铃薯种植技术、脱毒微型马铃薯生产技术、脱毒专用型马铃薯生产技术、脱毒早熟马铃薯种植技术、旱地油菜茬复种早熟马铃薯生产技术、山区半山区马铃薯生产技术、中部干旱区优质专用马铃薯生产技术。

马铃薯加工技术：主要有马铃薯粉条、粉丝加工技术，马铃薯全粉加工技术，马铃薯淀粉、变性淀粉加工技术，马铃薯薯条加工技术，脱水马铃薯加工技术，油炸马铃薯加工技术，马铃薯片加工技术等。

马铃薯贮藏保鲜技术：主要有马铃薯抗褐变保鲜技术、山区马铃薯贮藏技术、山体窖贮藏马铃薯保鲜技术、高寒区加工型马铃薯贮藏技术、中小型马铃薯贮藏技术等。

2. 马铃薯国家科技创新成果

截至2015年10月，我国马铃薯研究领域所取得的科技创新成果累计有990多项。其中成果完成数量位列前10位的专家学者主要有：张永成（青海省农林科学院）、王蒂（甘肃农业大学农学院）、王一航（甘肃省农业科学院粮食作物研究所）、盛万民（黑龙江省农业科学院克山农业科学研究所）、田恒林（湖北恩施中国南方马铃薯研究中心），戴朝曦（甘肃农业大学农业生物工程研究所）、赵嫦卿（青海省民和县农作物脱毒技术开发中心）、王洪兴（宁夏农机化研究所）、吴林科（宁夏固原市农业科学研究所）、胡林双（黑龙江省农业科学院植物脱毒苗木研究中心）。科技成果完成单位的分布情况是：科研院所310家、高校148家、公司和企业92家，单位涉及全国31个省（市），其中甘肃、黑龙江、内蒙古等省（区）的单位，完成数量较多，成果研究的主题主要分布在脱毒及病虫害防治、品种选育、加工、贮藏育种及栽培、生物技术、机械与肥料等多个方面。

中国国家科学技术进步奖于1984年设立，是我国涉及学科、专业和人员、单位最广的一个奖项。从1978年至2008年，国家共奖励科技成果15 169项（不包括1978年全国科学大会上授予的7 657项），其中国家科技进步奖就有10 354项。这其中马铃薯专题研究获得国家级、省级等各层次奖项的科技成果主要有：

（1）马铃薯品种克新1号选育，张秉一、吴伯星、孙慧生等，1978、1987年全国科学大会国家技术发明奖二等奖，黑龙江省农业科学院马铃薯研究所。

（2）马铃薯退化原因及防止退化的综合技术措施，1978年全国科学大会奖，东北农学院、黑龙江省克山农业科学研究所、内蒙古自治区乌兰察布盟农业科学研究所、安徽省界首县马铃薯原种场。

（3）马铃薯环腐病综合防治研究，1978年全国科学大会奖，内蒙古自治区农业科学研究所、内蒙古自治区乌兰察布盟农业科学研究所。

（4）马铃薯新品种676-4双丰收，刘介民，1978年全国科学大会奖，湖北省恩施地区天池山农业科学研究所。

（5）马铃薯良种克新1号、克新4号，1978年全国科学大会奖，黑龙江省克山农业科学研究所。

（6）马铃薯优种——“虎头”选育与推广，1983年全国农牧渔业技术改进一等奖，河北省农林科学院。

（7）马铃薯优种虎头选育与推广，邓启贤、郭振国、田夫等，1984年国家科学技术进步奖三等奖，河北省张家口地区坝上农业科学研究所、河北省张家口地区坝下农业科学研究所、中国农业科学院蔬菜研究所。

(8) 脱毒马铃薯研究，李芝苍、杨艾茹、谢玉科，1986 年农牧渔业部奖，黑龙江马铃薯研究所、黑龙江种子公司、克山县种子公司。

(9) 马铃薯脱毒种薯的开发应用，杨艾茹、李芝芳、谢玉科等，1989 年国家科学技术进步奖三等奖，黑龙江省种子公司、黑龙江省马铃薯科学研究所、黑龙江省克山县种子公司、黑龙江省讷河县种子公司、黑龙江省马铃薯原种繁殖场。

(10) 马铃薯杂种实生种子选育及开发利用研究，姜兴亚、隋启君、李凤英等，1990 年国家科技进步奖三等奖，内蒙古呼盟农业科学研究所。

(11) 抗马铃薯 X 病毒株系特异性单克隆抗体的研制，蔡少华、李汝刚、肖小文等，1992 年农业部科技进步奖三等奖，中国农业科学院生物技术研究中心。

(12) 马铃薯主要病毒单抗试剂盒研制与推广应用，蔡少华、李祥义、郭军等，1993 年科技进步奖部二级，中国农业科学院生物技术研究中心。

(13) 马铃薯抗青枯病抗源亲本筛选和创新，何礼远、张长龄、滕建勋等，1994 年科技进步奖部三级，中国农业科学院植物保护研究所。

(14) 马铃薯抗菌肽基因工程技术体系的建立及抗青枯病新株系的获得，贾士荣、屈贤铭、冯兰香等，1996 年农业部科技进步奖一等奖，中国农业科学院生物技术研究中心、中国科学院上海生物工程研究中心、中国农业科学院蔬菜花卉研究所、中国科学院上海植物生理研究所。

(15) 甘薯马铃薯脱毒技术及应用研究，杨崇良、尚佑芬、王培伦等，1996 年国家科技进步奖三等奖，山东省农业科学院植物保护研究所、山东省农业科学院蔬菜研究所、山东省农业科学院作物所。

(16) 马铃薯抗菌肽基因工程技术体系的建立及抗青枯病新株系的获得，贾士荣、屈贤铭、冯兰香等，1997 年国家发明奖三等奖，中国农业科学院生物技术研究中心、中国科学院上海生物工程研究中心、中国农业科学院蔬菜花卉研究所、中国科学院上海植物生理研究所。

(17) 马铃薯 2n 配子遗传与育种技术，屈冬玉、高占旺、金黎平等，1998 年农业部科技进步奖二等奖，中国农业科学院蔬菜花卉研究所。

(18) 马铃薯试管薯发育研究和工厂化生产技术，屈冬玉、连勇、庞万福等，2000 年中国农业科学院科学技术成果奖二等奖，中国农业科学院蔬菜花卉研究所、贵州省扶贫开发服务中心、江西省农业技术推广总站。

(19) 优质、早熟、抗病、丰产马铃薯新品种“中薯 3 号”的培育，金黎平、屈冬玉、连通等，2001 年中国农业科学院科技进步奖二等奖，中国农业科学院蔬菜花卉研究所。

(20) 马铃薯脱毒种薯示范推广及种薯繁育体系建设，李静华、李生民、芦桂山等，2005 年国家科技进步奖三等奖，甘肃省农业技术推广总站、榆中县农业技术推广中心、定西地区农技站、渭源县农技站、甘谷县农技中心。

(21) 入侵害虫马铃薯甲虫的封锁与控制技术，王春林、夏敬源、王福祥，2005 年国家科学技术进步奖二等奖，中科院动物研究所等。

(22) 马铃薯综合加工技术与成套装备研究开发，2006 年国家科学技术进步奖二等奖，中国农业机械化科学研究院。

（23）南方冬闲田马铃薯种植综合配套新技术研究，熊兴耀、刘明月、艾辛、何长征、宋勇等，2006年湖南省科技进步奖一等奖。

（24）高淀粉马铃薯新品种陇薯3号选育，王一航，2007年农业部中华农业科技奖三等奖，甘肃省农科院。

（25）甘肃省马铃薯产业重点项目规划研究，2007年全国优秀工程咨询二等奖，甘肃省农科院、甘肃省轻纺工业设计院等。

（26）马铃薯新品种“卫道克”和“维拉斯”的培育，谢尔盖·巴拿代谢夫，2007年度国家“友谊奖”，白俄罗斯科学院马铃薯研究所、呼伦贝尔市农业科学研究所。

（27）北方抗旱系列马铃薯新品种选育及繁育体系建设与应用，2009年度国家科技进步二等奖，河北省高寒作物研究所。

（28）马铃薯安全食品加工新技术研究，熊兴耀、谭兴和、张喻、吴卫国等，2010年湖南省技术发明奖二等奖。

3. 马铃薯产业技术标准

标准是国民经济和社会发展的重要技术支撑，更是一个行业发展的重要技术支撑。标准化是科技成果转化为生产力的桥梁，是组织现代化、集约化生产的重要条件。标准化水平已成为世界马铃薯各大产区竞争力的基本要素。

据美国农业部的网站，美国马铃薯的标准有几百项，从种薯到鲜薯，从储存到加工，都要经过检测和认证。所有操作均以美国食品药品管理局（FDA）及美国农业部的规定为依据。每个工序需通过美国农业部的检查，而所有厂房皆符合HACCP操作规范，以确保食物安全水平。

我国标准分为国家标准、行业标准、地方标准和企业标准4级。截至2015年10月，我国共颁布了有关马铃薯的标准规范共198个，内容主要涉及病虫害检测、防治，加工、贮运，品种，栽培、机械、脱毒等。其中病虫害方面，主要涉及在农药田间药效试验、病菌检疫鉴定、病毒检疫鉴定、农药最大残留限量等方面。

（四）马铃薯期刊专著

1. 马铃薯期刊

（1）《Potato World》（《马铃薯世界》）

Potato World magazine is the number one source of potato information for industry professionals worldwide. All our specialized journalists are proud to report about the latest international developments of this main food crop from the potato hart of Western Europe. We focus on important subjects such as breeding, seed production, varieties, inspection, fertilisers, crop diseases, crop protection, quality issues, high-tech machinery and storage, marketing, market analyses, statistics, science and research, education, and much more potato news. Of course we portray lots of innovative passionate growers on their own modern farms.

Founded in 1947, Potato World serves the whole potato industry already for many decades. Therefore we publish four times a year a printed magazine and a digital monthly newsletter. Both are also available on our modern website. We analyse news behind the news in the whole potato chain, so potato specialists can feed their own opinion. The combination of print and internet makes it possible for a big group of potato related companies to communicate with the potato professionals.

(2)《中国马铃薯》

《中国马铃薯》是由中国作物学会马铃薯专业委员会主办、东北农业大学承办的国内唯一一本马铃薯专业期刊。该刊创刊于1987年，曾用刊名：《马铃薯杂志》；现用刊名：《中国马铃薯》。该刊以繁荣我国的马铃薯事业为办刊宗旨，报道我国马铃薯方面的科研成果，科技动态，介绍本专业的实用技术和科学知识并报道国内外马铃薯方面的科技信息。2005年获全国优秀农业期刊技术类二等奖。栏目设置：学术园地、研究简报、综述、经验交流、栽培技术、产业开发、品种介绍。

2. 马铃薯专著

世界粮农组织的戴维·卢宾纪念图书馆曾利用其收藏的图书布置了一个有关马铃薯的历史书籍展览。该展览包括22本书，其中最早的可以追溯到1912年，涵盖了诸如起源、传播、生产、收获、品种、生物技术和病虫害等各个方面。此外，还有《爱尔兰大饥荒》（（英）Peter Gray)、《中国马铃薯主要品种彩色图谱（全彩色图版）》(中国马铃薯主要品种编写组)、《西吉——中国马铃薯之乡》、《马铃薯淀粉生产与工艺设计》（杜银仓，2011）等。依据读秀学术搜索图书数据库，按书名“马铃薯”进行检索，共检索到国内有关马铃薯的图书专著364种，其年度及数量分布见表3-14。

表3-14　国内马铃薯部分专著出版年度分布

年度	数量	年度	数量
2013	9	1996	4
2012	12	1995	3
2011	7	1994	5
2010	17	1993	3
2009	21	1992	4
2008	11	1991	3
2007	11	1990	2
2006	13	1989	1
2005	2	1988	1
2004	13	1987	4
2003	11	1986	4
2002	5	1985	4
2001	8	1975—1984	33
2000	4	1965—1974	24
1999	9	1955—1964	83
1998	7	其他	23
1997	3		

马铃薯图书主要作者：屈冬玉（13）、陈伊里（12）、宋伯符（4）、程天庆（3）、杨力（3）、王敬立（3）、孙慧生（3）、王培伦（3）、刘耀宗（2）、赵冰（2）、田波（2）、孙承骞（2）、夏平（2）、崔杏春（2）、万良适（2）、张丽娟（2）、田丰（2）、李泽炳（2）、张永成（2）、吴玉梅（2）。

（五）马铃薯专家的科学精神

1. 探索求真的理性精神

科学研究的本质是求真、求实。马铃薯的研究也不列外，如关于马铃薯品种的退化机理问题，国内外专家曾先后提出了三种学说：衰老说、生态说（高温）、病毒说。经过在栽培、育种、病毒等学科领域进行的多方面研究，我国科学家、山东农学院蒋先明教授研究认为，细菌侵染造成病害是马铃薯退化的主要原因之一；四川省农业科学研究所杨鸿祖也利用多年的生产实践和科学实验，逐一反驳了衰老说和生态说的片面论点，确认病毒侵染是马铃薯退化的主要原因；北京农业大学林传光教授采用科学实验也证实了马铃薯退化是病毒危害造成的。上述研究，为马铃薯育种、栽培以及防止退化指出了研究方向。

2. 实验取证的求实精神

程天庆，中国农业科学院蔬莱花卉研究所研究员、原育种室马铃薯课题组组长、马铃薯育种与栽培学家，几十年从事马铃薯育种、栽培和马铃薯病毒性退化的控制研究，是全国闻名的马铃薯专家。他育成的马铃薯品种、提出的“二季作马铃薯留种技术”和主持的“马铃薯亲本材料筛选与创新”的国家攻关等课题，在促进我国马铃薯事业发展过程中均发挥了巨大作用，并多次荣获国家和农业部的科技成果奖。

杨鸿祖，1939 年从美国攻读马铃薯遗传育种学后归国，他从明尼苏达大学马铃薯育种专家克仑茨处引进马铃薯自交种子 66 系和 18 个杂交组合，在四川成都开展杂交育种工作，恰遇晚疫病大发生，带回的马铃薯材料几乎损失殆尽。1940 年，杨鸿祖又从苏联马铃薯育种家布卡索夫处引进 16 个马铃薯野生种，开始野生种与栽培种的杂交育种试验，经过 2 年对比，获得了小乌洋芋等 37 个品种的自交系种子和峨眉白洋芋等 18 个品种的杂交种子，从中选出生产能力较高的自交系 24 个，芽眼浅而少的品系 19 个。薯形优异的品系 11 个。此外，还获得了优良实生苗品系 19 个，其中 8 个品系获得较高的产量。1934—1948 年期间，全国先后从事马铃薯研究工作的人员不足 20 人，同一时期从事此工作的最多 10 人，最少时仅 2~3 人。只有少数科学家在及其艰苦的条件下坚持了下来。杨鸿祖就是其中的一位。

王一航，从事马铃薯育种、马铃薯组培脱毒快繁体系建设及马铃薯产业化开发工作 25 年，扎根农村第一线，把最宝贵的年华奉献给了马铃薯事业。他主管的甘肃省农科院会川马铃薯育种站，已成为马铃薯新品种与新技术的辐射扩散中心，2005 年被国家农业部命名为“农业部马铃薯资源重点野外科学观测试验站”。在该站长期的带动下，渭源县成为闻名全国的“中国马铃薯良种之乡”。为推广马铃薯新品种和先进的育种、繁种栽培技术，王一航足迹遍及渭源、临洮、安定、通渭等地，举办农民培训班 60 余次，培训农民 5 000 余人次。

林世成，20 世纪 50 年代中国农业科学院从事马铃薯研究工作的科学家，在开展马铃薯育种时，特别注意搜集和利用抗晚疫病的种质以解决当时严重危害我国马铃薯生产的病害问题。他用小叶、波友 1 号等作亲本选育的一些抗病品系或材料，后来由河北省坝上农科所育成了“虎头”等高抗晚疫病的马铃薯良种。

朱明凯，1978 年主持了马铃薯研究组工作。1983 年，主持“六五”国家重点科技攻关“马铃薯新品种选育”研究课题，选育出早熟抗病的马铃薯新品种“京丰 1 号”。

3. 开拓创新的探索精神

罗振玉，我国著名的考古学家，1896 年创办我国最早的农学杂志——《农学报》，在《农学报》第 39 期发表了《论薯种》，介绍美国采用的马铃薯新品种、新技术以及获取高产的措施，后来相继发表了《爪哇薯制酒精法》、《简易淀粉制造法》、《马铃薯制粉图说》等文章，促进了我国马铃薯栽培和综合利用的发展。

管家骥，原南京中央农业实验所农艺系技师，1934—1936 年，从全国各地搜集整理马铃薯地方品种，并从英国、美国引进优良品种和品系，经过评比鉴定，从中选出 4 个优良品种，在江苏南京、陕西武功、河北定县等地示范推广。后因日军入侵，材料散失。1937 年以后，管家骥又继续在贵州从事马铃薯品种改良工作，他从美国和云贵地区征集了 12 个优良品种，进行示范推广。1934 年，管家骥著文介绍马铃薯品种改良和栽培技术，还撰写了《马铃薯栽培方法研究》、《我国马铃薯之改进》等文章，详细介绍了我们马铃薯品种改革的方法和方向。

姜诚贯，著名农学家，1949 年以来，一直在华东农科所、中国农科院江苏分院、江苏省农业科学院从事薯类、油料作物研究工作。20 世纪 50 年代从事薯类作物研究，提出马铃薯栽培区划方案，被认为是对农业配置的自然条件评价作得较好的范例。

林传光，中国近现代植物病理学家、植物真菌和病毒学家、农业教育家，对马铃薯病毒病的研究有较深的造诣。他成功地应用了茎尖培养再生植株繁殖无病毒种薯，为防治马铃薯退化开辟了新的途径。

张鸿逵，马铃薯实生薯种的开拓者。十九世纪英国、美国的科学家曾试验以实生种子繁育。20 世纪 30 年代，苏联谢列罗夫斯基等也进行了实生薯的选育研究，但因不易全苗、后代分离严重等问题，研究和推行工作进展不大。20 世纪 50 年代，我国开展了实生种薯的生产和利用，内蒙古乌盟农业科学研究所马铃薯育种专家张鸿逵等人，经过十几年的艰苦努力，选育出经济性状好，鲜薯产量高的实生薯种，用实生种子生产马铃薯，表现出汰除病毒效应、抵抗真菌效应、杂种优势效益及增产效益。张鸿逵等选育的实生薯种在生产实践中还有以下优点：一是就地留种，避免远途调种；二是节省种薯，实生种子一个果序有 7~10 个浆果，结籽约 2 000 粒，一株一般为 2~3 个果序，每万亩马铃薯用种子播种只需种子 50 ~ 60 公斤；三是耐储易运，实生种体积小、用量少，便于包装和运输。1972 年，张鸿逵等人的这一研究成果在北京农业展览馆和广州交易会上展出，引起有关部门的极大兴趣，国家立即成立了全国马铃薯实生薯利用和自交系选育科研协作组，农业部多次召开现场会示范推广，使实生薯在 16 个省（区）扩大应用，1976 年在全国推广面积达 10 多万亩。1979 年 10 月，国际马铃薯中心（CTP）在菲律宾召开“国际实生薯利用学术讨论会”，中国代表李景华教授在会上介绍了我国马铃薯实生种子的研究和利用情况，受到国外专家学者的高度赞赏。1982 年，国际马铃薯中心主任索耶博士一行到我国进行考察，高度评价这项研究成果位居世界前列。

4. 爱岗敬业的奉献精神

宋伯符，1960 年毕业于山西农业大学，长期从事马铃薯育种、实生种子利用及种薯生产的科研工作。曾任世界马铃薯协会高级顾问8年、中国作物协会马铃薯专业委员会副主任委员和亚洲马铃薯协会副主席，是国际知名马铃薯专家，被世界马铃薯大会联合公司奖励委员会授予“终身成就奖”，是唯一获此殊荣的中国人。此奖进一步鼓励中国年轻科学家参加马铃薯研究，并为亚洲这一重要粮食作物的发展做出重要贡献。

宋伯符培养了众多学生，使他们成了各自领域的专家。选育出10多个马铃薯新品种。与李景华教授等提出的利用实生苗汰病毒、生产脱毒薯的新方法，收到防止退化和增产的显著效果，受到国际上的重视。发表论文80多篇，主编《用实生种子生产马铃薯》、《中国马铃薯种薯成产》等6本书，并参加《中国农业百科全书》的编写。先后荣获内蒙古自治区科技成果一等奖、全国科学大会成果奖和“国家有突出贡献科学家”称号。宋伯符荣获的诸多奖项不仅使他享誉亚洲，同时他的国际声誉也使一些中国科学家参与了许多国际学术活动。剑桥著名科学家编辑委员会曾授予宋伯符国际著名科学家奖。

屈冬玉，马铃薯专家，第八届中国青年科技奖获奖者，原中国科协全国委员会委员、中国农业科学院副院长，现中国农业部副部长，“世界马铃薯产业杰出贡献奖”获得者。20多年来一直致力于马铃薯遗传育种和生物技术研究工作。1986年以来先后主持或承担20多项国家重点科技攻关项目、948项目及国际合作项目等。他带领同事们团结协作、艰苦奋斗，主持或参与育成并推广了“中薯1号”至“中薯9号”共9个马铃薯新品种，目前已累计推广1 000多万亩，获社会经济效益30亿元。获部省科技进步奖5项，国内外刊物发表论文70余篇，出版专（编）著18部。他自1998年任中国作物学会马铃薯专业委员会（中国马铃薯协会）主任一职以来，积极组织策划一年一度的马铃薯学术年会，通过不同专题的研讨，推动了我国马铃薯科研、开发相关单位的合作与交流，有力地促进了我国马铃薯产业的健康发展。

三、马铃薯教育与培训机构

（一）我国专门设置马铃薯专业的高等院校

1. 乌兰察布职业学院马铃薯工程系

乌兰察布职业学院是经内蒙古自治区人民政府批准、国家教育部正式备案的公办全日制普通高等院校，于2004年4月由原乌盟财贸粮食学校、乌盟农牧学校、乌盟工业学校资源整合成立。马铃薯工程系是该院特色办学的主干专业系部，是全国食品工业协会马铃薯专业委员会的委员单位，下设马铃薯生产加工、食品加工技术、农产品质量检测三个专业，在读生440人。其中，马铃薯生产加工专业于2007年10月获国家教育部批准备案，该专业开创了全国高校专业设置之先河，属全国首家创设，是该院名副其实的特色专业。

2. 定西师范高等专科学校生化系马铃薯生产加工专业

定西师范高等专科学校生化系马铃薯生产加工专业是由教育部批准备案、甘肃省内首创的唯一马铃薯工程技术方面的高职高专教育专业。是定西市、甘肃省人民政府为培养和聚集马铃薯专业人才，解决马铃薯发展面临的人才缺乏问题，加快甘肃省马铃薯特色优势产业发展，全力打造“中国薯都”品牌重点支持的专业，是学校重点建设的产业支撑型特色专业。专业建设工作得到了甘肃省、定西市及中央财政经费等方面的大力支持。2012年首次招生，现有在读学生60人。

（二）设置马铃薯研究室与中心的高校

1. 华中农业大学马铃薯研究室

华中农业大学马铃薯研究室主要从事马铃薯遗传改良、脱毒种薯生产技术领域的相关研究、技术开发和人才培养工作。研究室由专家教授及十余名博士和硕士研究生组成，承担有涉及分子生物学、细胞生物学、生物化学和生理学等领域的国际合作、国家自然科学基金、国家“948”项目，以及其他多项省、部级和横向研究课题。研究室从我国马铃薯生产所面临的关键问题出发，以现代生物技术与常规技术有机结合为途径，重点进行马铃薯试管薯发育机理及试管薯在脱毒种薯生产中的应用、马铃薯淀粉代谢的基因调控及加工品质改良、马铃薯抗青枯病细胞工程育种及抗性基因的分子标记和定位、马铃薯晚疫病水平抗性的筛选及分子标记辅助育种等。该室近年来取得了包括具国际领先水平的试管薯产业化技术、适合我国国情的先进的马铃薯种薯体系、深受市场欢迎的马铃薯食用与加工兼用型品种在内的研究成果多项，处于学科前沿的马铃薯遗传改良研究正在顺利进行之中。此外，湖北省马铃薯工程技术研究中心也设在华中农业大学。

2. 四川农业大学农学院马铃薯研究开发中心

四川农业大学是国内较早开展马铃薯研究的单位之一，先后从国内外引进大量品种资源与育种基础材料进行引种试验，目前筛选、保存国内外优良品种资源 50 余份（包括一些加工专用型品种），开展了马铃薯杂交育种与生物技术育种工作。胡延玉教授建立了成熟的马铃薯脱毒种薯生产技术体系（该成果于 1992 年获四川省教委科技进步三等奖），并在此基础上实现了脱毒微型种薯工厂化生产及大田繁育技术体系。对马铃薯产量形成生理及高产栽培农艺措施模型进行了深入研究，提出了适合四川省生态与种植制度的马铃薯栽培技术与模式。李尧权教授主编出版了《薯类栽培生理》专著，开展了四川省马铃薯主要病虫害防治及病毒快速检测技术研究。邬应龙教授在马铃薯淀粉加工领域也取得了一系列生产技术与工艺研究成果，一些项目经专家鉴定达到“国内领先水平，填补了国内空白”。

为了适应我国及四川省农业产业结构调整与产业化发展需要，学校整合现有的马铃薯科研与开发力量，在农学院建立了马铃薯研究开发中心。中心致力于专用型马铃薯优质高产生产、加工关键技术研究，促进了四川我省马铃薯产业化发展。目前正广泛开展引种选育、生物技术、良种繁育、营养生理与 K、P 营养高效型品种筛选、栽培技术、病虫害防治及马铃薯精深加工研究。

3. 中科院兰州化学物理研究所农业部现代农业产业技术体系马铃薯贮藏加工研究室

据农业部《关于印发现代农业产业技术体系第二批建设依托单位和岗位聘用人员名单的通知》（农科教发〔2008〕10 号），正式批准中科院兰州化学物理研究所为农业部现代农业产业技术体系马铃薯贮藏加工研究室建设依托单位，兰州化物所刘刚研究员被聘为该功能研究室主任以及废弃物利用和污染控制岗位专家，并进入马铃薯产业技术体系执行专家组。

4. 内蒙古大学马铃薯工程中心

2007 年 10 月 26 日，内蒙古自治区马铃薯工程技术研究中心和内蒙古自治区马铃薯产学研创新促进会成立大会暨揭牌仪式在内蒙古大学隆重举行。

5. 其他

湖南农业大学设有湖南省马铃薯工程技术研究中心；中国科学院地理科学与资源研究所与内蒙古大学共同设有马铃薯节水高效栽培技术研究中心。

四、马铃薯公共教育场所

国内外马铃薯主产地纷纷以建立博物馆、展览馆、科技馆等形式，向公众普及马铃薯知识。

1. 加拿大马铃薯博物馆

加拿大马铃薯博物馆（http：//www. peipotatomuseum. com/）坐落于爱德华王子岛省的西部，于1993年开馆。其主要标志就是位于门口的巨大马铃薯雕塑，这个雕塑由玻璃纤维制成，高17英尺，直径为7英尺，是众多游客选择拍照的地方。博物馆分为三部分，即马铃薯历史展区、机械展览区和马铃薯名人堂。马铃薯历史展区讲述了马铃薯工业的历史和发展，机械展览区收集了大量的与种植、收获和加工马铃薯有关的农具和机器，马铃薯名人堂则介绍了那些为马铃薯产业做出重大贡献的人物。

2. 慕尼黑土豆博物馆

在德国慕尼黑东火车站东侧，有一家名不经传的土豆博物馆（Kartoffel Museum）。沿着博物馆设计的引导路线前进，首先是哥伦布发现新大陆以及之后土豆传入欧洲继而由普鲁士国王迎入德国的历史；接着便是土豆在德国开始“安家”以及逐步渗透到日常生活的历程，图文并茂地展示了土豆推广、种植、收获、买卖、加工、餐饮等方面的诸多场景；接下来是其貌不扬的土豆形象一跃成为生产者设计或者艺术家创造的对象，尤其以土豆为主题的版画、油画、水彩画、雕刻以及现代绘画等艺术创作非常吸引人。土豆被艺术化的同时，作为植物种类的相关科学性展示和研究也不容忽视。此外，博物馆还收藏展示了相关资料和书籍。

3. 炸薯条博物馆

在比利时布鲁日，有一家有趣的博物馆，称为炸薯条博物馆（Frites Museum），里面展示的不是文物，也不是古董，而是与“土豆”有关的一切。在博物馆里，游客可以了解到薯条的制作工艺、起源，还能看到各种薯条制作工具、艺术作品等，参观完毕总会让人不禁赞叹：“小小薯条也有大大学问!”

4. 中国土豆博物馆

我国首个马铃薯博物馆建在延庆县，博物馆是由乐陵企业家梁希森投资百万元，历时两年建成的。马铃薯的历史、现状、发展以及在中国的推广、应用，通过珍贵的图片和丰富的实物，在占地3 000平方米的展厅里得到了全面展示。

博物馆里，最吸引人的莫过于丰富的实物展品了。小如黄豆的微型薯，大如枕头的大土豆，红皮红肉、紫皮紫肉、黑皮黑肉的彩薯，适合炸薯条的夏波蒂，做薯片的大西洋，做菜的荷兰薯，各种风味的薯片，独具特色的马铃薯月饼，方便食用的马铃薯粉皮，还有马铃薯咀嚼片、马铃薯生粉，等等，橱柜里，不管是土豆菜，还是上百种土豆新品种，都能引起参观者发出阵阵惊叹。

5. 黑龙江界河镇土豆文化馆

界河镇土豆文化馆是全国首家以马铃薯文化为主题的展馆，于2012年5月在黑龙江省界河镇隆重启动。据了解，该馆共投资50万元，建筑面积120平方米，制作宣传展牌近200平方米，选编了《土豆论语》，创作了《土豆之歌》，实施了沿线房屋仿古改造、道路硬化、绿化美化等工程，通过图文并茂、视听结合、实物展示等形式，全面宣传土豆的传播和起源、营养价值和用途、界河土豆产业发展历史和成效，真正把土豆历史、产品和文化结合起来，以文化塑造商品，提升价值，增强竞争力。同时，还举办了首届"大明科技杯"摄影大赛，旨在展示界河土豆产业发展的成果，不断扩大其知名度和影响力，以推动界河土豆产业健康发展。

6. 乌兰察布马铃薯博物馆

乌兰察布马铃薯博物馆位于内蒙古乌兰察布市集宁区，是一座汇集了马铃薯起源、历史、发展、文化以及马铃薯在中国乃至乌兰察布发展现状的专业化博物馆，也是乌兰察布市旅游景点景区之一。博物馆规划展览面积3 000平方米，一期展览面积1 000平方米，分为四个展区，即：关怀与支持、文化与产业、平台与企业、创新赢未来。展区通过文字、图片、图表、实物、标本、模型、影像等综合表现手段，全面展现了马铃薯的起源与历史、传播与发展，展现了该市马铃薯在产业发展、技术创新、企业主体、人才建设、社会经济效益等方面所取得的丰硕成果。

7. 定西市马铃薯产业成果展展厅

定西市马铃薯产业成果展展厅布设在定西国家农业科技园区博览中心一楼大厅，面积约200多平方米。展厅分宣传展板和实物展示两部分。展厅周围墙上的宣传展板共有30个板面，主要从马铃薯的起源以及世界、中国、甘肃省、定西市马铃薯的发展现状、良种繁育、加工能力、基地建设、市场流通体系建设等方面，对马铃薯的生产、加工及发展趋势进行了全面的介绍。展厅中央的实物展示台上主要展出了全国各地的马铃薯新品种和定西市部分企业的加工产品。自展厅开放以来，先后有各级领导、国内外专家、新闻媒体记者、社会各界人士10 000多人（次）来此参观学习。

五、马铃薯的短期培训机构

国内外政府相关机构、高校、科研院所先后举办了许多马铃薯科技专题培训。参与的机构有：内蒙古大学马铃薯工程技术研究中心、中国农科院蔬菜花卉研究所、美国威斯康星大学麦迪逊分校农业和生命科学院（首届马铃薯产业技术研发及推广国际培训会2009）、黑龙江省农业科学院植物脱毒苗木研究所、农业部脱毒马铃薯种薯质量监督检验测试中心（马铃薯病害检测技术国际培训班2009）、中国科协扶贫办（马铃薯种植培训2010）、全国农技中心（全国马铃薯病虫害及夏季蝗虫发生趋势会商暨测报技术培训班2010）、全国马铃薯晚疫病预警系统培训暨防治现场会2011、马铃薯病虫害发生趋势会商暨测报技术研讨会2015、农业部农产品加工局、农业部规划设计研究院（马铃薯贮藏保鲜技术培训班2010）、全国农业技术推广服务中心（南方冬种马铃薯技术培训会2010、国际马铃薯中心（CIP）、黑龙江省农科院（植物脱毒苗木研究马铃薯病毒检测专题培训2004、2006、2007），等等。

第四章 马铃薯饮食文化

在漫长的进化过程中，人类为了生存，各个群体不断地与大自然斗争，以获取维系种族生存和发展的各种食物。在长期的斗争中，人类的饮食活动逐渐有了明显的主动性、选择性和创造性，进而定向、定性和定量地发展地域性食物越发活跃，人类的饮食活动得以迅速发展，同时伴随饮食活动的各种社会现象如科学、技术、艺术、礼仪、习俗、哲学和思想也蓬勃发展起来，共同汇聚成了人类光辉灿烂的饮食文化。广义的饮食文化，包括饮食的物质和精神两个方面，是指食物原料的利用、食品制作和饮食消费过程中的技术、科学、艺术，以及以饮食为基础的习俗、传统、思想和哲学，即由人们食生产和食生活的方式、过程、功能等结构组合而成的全部食事的总和，是关于人类在什么条件下吃、吃什么、怎么吃、吃了以后怎么样的学问。而狭义的饮食文化则仅专注于饮食的精神方面，指的就是通过食物、烹饪以及餐具、就餐的形式等体现出来的价值观念、习惯方式和被人们普遍接受、沿袭相传的各种习俗。

作为人类主要粮食作物的马铃薯，在不同国家、不同地区长期的食用过程中，逐渐形成了一些独特的马铃薯饮食文化现象。

第一节 国内外马铃薯饮食习俗

一、国外马铃薯饮食习俗

不同国家和地区的马铃薯饮食习俗，主要表现在对马铃薯不同的烹饪加工方式、不同的饮食嗜好、特殊食用时期、独特的食用方式方法等方面。下面是一些国家非常有趣的饮食习惯。

欧美发达国家，马铃薯多以主食形式消费。在美国，马铃薯食品多达70余种，年人均消费19公斤，其中油炸制品达8公斤，作为一种旅游、休闲食品在超市随处可见，颇受消费者青睐。加、英、法、荷、德、日、丹、瑞士等国马铃薯加工业发展也很快，加工产量逐年上升。目前法国年人均消费马铃薯19公斤，其中加工食品占到45%。英国以冷冻制品最多，年人均消费马铃薯100公斤。

马铃薯在国外既可与米面混合作为主食吃，又可用来烹调各种菜肴。据统计，马铃薯甚至可以做出400多种佳肴。在欧美发达国家，多以主食形式消费。在德国，土豆餐颇具特色，这种饮食方式很像我国广东的早茶，食品以土豆为主，做成各种类型的小点心，每样数量少，花色品种很多，再加上一两盘切成薄片的灌肠和火腿或少量牛肉、鸡肉、鱼肉及青菜。如德国的土豆套餐，首先每人上一盅土豆羹，用羹匙一勺勺吃来，细细品尝，味道酸甜鲜美，根本吃不出土豆味。接着是小巧玲珑、造型各异的土豆点心，由于里面加了果酱和蔬菜汁，很好看。德国人吃土豆无论是数量还是吃法都在世界上首屈一指，他们可把土豆做得十分可口，如煮土豆羹、蒸土豆糕、调土豆酱泥、煎土豆饼、炸土豆条、烤土豆团子等，他们一日三餐中至少有两餐要吃土豆。

“托尔大”是西班牙式快餐，是将煮熟的土豆去皮，切成小碎块，和生鸡蛋搅在一起，撒少许盐，在放有黄油的平底锅中煎烤而成，所以可以叫鸡蛋土豆煎饼。托尔大经济实惠、营养丰富，是拉丁各民族共同喜爱的食品。

俄罗斯人也十分爱吃土豆，土豆被称为俄罗斯人的“第二面包”。据统计，俄罗斯每年人均消费土豆100多公斤，与粮食的消费量差不多。在俄罗斯，土豆的吃法有很多种，如煮土豆、烤土豆、土豆泥、用土豆做的小扁饼，等等。

在法国，烹饪学校的学生在毕业之前，必须学会用马铃薯制100种不同的菜肴。荷兰人将马铃薯、胡萝卜、洋葱制成的菜肴，定为“国菜”，每年10月3日，全国上下都要品尝。而爱尔兰人更是认为世界上只有“婚姻和马铃薯至高无上”。

比利时是欧洲最偏爱土豆的国家。人们时常把土豆与比利时趣谈在一起，笑称比利时为“土豆王国”。在比利时家庭，用土豆制做的菜肴是每天餐桌上的必备之品。用土豆做成的方便食品，种类很多。如炸土豆条、炸土豆片、炸土豆丝、炸土豆球。炸土豆片又有圆片、花片、方片、三角片等。炸土豆丝也分粗丝、细丝、长丝、短丝等。为了土豆，比利时首都布鲁塞尔还设立了专门的土豆博物馆，它的展品能帮助观众了解土豆的演变史以及有关栽培土豆的技术。在馆里可以看到不同产地的土豆，还能欣赏到大音乐家巴赫谱写的关于土豆的乐曲。

总体来看，土豆西餐有如下的礼仪：土豆片和土豆条是用手拿着吃的，除非土豆条里有汁，那样的话要使用叉子。小土豆条也可拿着吃，但用叉子会更好。如果土豆条太大，不好取用，就用叉子叉开，但不要挂在叉子上咬着吃。把番茄酱放在盘子边上，用手拿或用叉子叉着小块蘸汁吃。烤土豆在食用时往往已被切开。如果没有用刀从上部切入，可用手或叉子将土豆掰开一点，加入奶油或酸奶、小青葱、盐和胡椒粉，每次加一点。也可以带皮食用。

二、我国马铃薯饮食习俗

在我国，土豆饮食常与中医药理论相结合，人们认为与土豆相配的食物既有相宜又有相克。

与土豆相克的食物主要有：香蕉：同食面部会生斑；西红柿：土豆会在人体胃肠中产生大量的盐酸，西红柿在较强的酸性环境中会产生不溶于水的沉淀，从而导致食欲不佳、消化不良；柿子：吃了土豆，人的胃里会产生大量盐酸，如果再吃柿子，柿子在胃酸的作用下会产生沉淀，既难以消化，又不易排出；石榴：同食会引起中毒，可以用韭菜水解毒。

与土豆最佳搭配的食物主要有：黄瓜：土豆有和胃、健脾、益气、消炎解毒等功效，富含淀粉及纤维素，是较好的淀粉食物，黄瓜中含有丙醇二酸，可抑制碳水化合物转为脂肪；豆角：豆角的营养成分能使人头脑宁静，调理消化系统，消除胸膈胀满，与土豆相配可防治急性肠胃炎、呕吐、腹泻等病症；牛肉：牛肉营养价值高，并有健脾胃的作用，但牛肉纤维粗，有时会影响胃黏膜，土豆与牛肉同煮，不但味道好，且土豆含有丰富的叶酸，起着保护胃黏膜的作用。

在我国道教圣地五台山，饮食习俗一向以杂粮为主，多为高粱、玉米、马铃薯等，其中马铃薯被当地人叫“山药蛋”。在山区，山药蛋既是主食，也是主要副食，可蒸、煮、馏、焖、炸、烤、炒，制作花样繁多，素有“离开山药蛋不会做饭”的说法。粥，当地人叫“饭”，有名的是“和子饭”，即在小米稀粥中煮上山药蛋、面条或面片，放盐，炝上葱花，味道极好，外地人来了都很爱喝。

上海玉佛寺有一道罗汉菜，其烹饪原料有：花菇、口蘑、香菇、鲜蘑菇、草菇、竹笋尖、川竹荪、冬笋、腐竹、油面筋、素肠、黑木耳、金针菜、发菜、银杏、素鸡、马铃薯、胡萝卜。赵朴初曾为之题词：“精心调五味，宾主皆欢喜，舌齿永留香，万方敦友谊。”

佛教名山南岳衡山有一道美食“十样景”，该道美食大体有两种：一种是十景素烩，称“小十样景”，即由玉兰片、红萝卜、白萝卜、百合、白菜心、冬菇、荸荠、马铃薯、豆笋皮、子面盘筋等烩焖而成。其中玉兰片、红白萝卜、荸荠、马铃薯还要雕成各种花形，非常美观；另一种则是十样大菜办成的酒席，通常指海生植物、珍珠米、油捆鸡、油豆笋、烧茄子、冰糖湘莲、七层楼、八宝饭、烤菇汤与青菜，也有全仿荤席办成十大碗的。“十样景”用料多样，制作精细，酸甜软脆俱备，水陆素食皆有，食此即可领略斋席的全部风味。南岳斋席，还有一种具有浓厚乡土风味的豆腐、香椿、辣椒、笋子、菌子等几十种菜的吃法，另有一番风味。

我国羌族年轻人结婚办喜事，新郎要陪新娘回娘家，娘家要备好“回门酒”，亲友要向新婚夫妇馈赠礼物，并致词祝福。羌族民间有的地方还有“逗新郎”的习俗，即在回门酒的宴席上娘家人要给新郎用四尺长的筷子，而且还要在筷子的后面加几个用马铃薯做的筷子坠，要新郎使用这种筷子，隔着几盏油灯去夹用肉丁和豆粒做成的菜，如果因为筷子长，夹不起菜，或油灯烧着下巴，就要被罚酒，这种活动既是节日聚餐，也是一种娱乐。

我国山西有一风俗，儿子结婚时，公婆脸上都要被画得乱七八糟的，穿戏服，脖子上戴着土豆大蒜啥的穿成的大链子，头上还给顶上灯，还得抬着儿媳妇满村子里转悠。

第二节 国内外马铃薯特色食谱

国外马铃薯特色食谱主要有法式烩土豆、韩式鸡肉炖土豆、俄式土豆沙拉、犹太风味的马铃薯饼、意大利风味马铃薯泥、美式冻辣马铃薯汤、日本风味马铃薯泥等。

国内马铃薯特色食谱根据配料、烹饪、加工方法等，主要分为土豆丝（如醋溜土豆丝、土豆丝摊鸡蛋、呛土豆丝、干煸黄金土豆丝、凉炝香辣土豆丝、酸辣土豆丝等）、红烧土豆（如红烧牛肉马铃薯、红烧土豆、土豆烧肉等）、炖土豆（如土豆炖牛肉、土豆炖豆腐等）、土豆饼（如土豆肉糜小饼、香煎土豆饼）、焖土豆（如蘑菇焖土豆、酱焖小土豆、香辣排骨焖土豆等）、炸土豆（如炸薯条、炸土豆球、煎土豆等）、土豆汤（如土豆南瓜汤）等不同的类型。

一、国外马铃薯特色食谱

（一）法式烩土豆

【原料】土豆 500 克、洋葱 40 克、黄油 25 克、蒜少许，浓蔬菜汤 125 克、香叶 2 片，盐胡椒面、植物油、白葡萄酒各少许，切碎的芹菜少许。

【制作过程】

（1）将土豆用水洗净，去皮后切成丁，洋葱去皮切碎，蒜去皮拍碎；

（2）用厚底铝锅置于火上，烧融黄油，然后把葱和蒜下入，炒至洋葱呈透明，把土豆丁加入搅拌几分钟；

（3）将土豆丁炒到全部挂上油后，加入蔬菜汤、香叶，少许盐、胡椒面、味精，搅拌均匀；

（4）如果水少，可以再加一些，但不要太多，约微沸 45 分钟，要不停地搅拌，勿使其糊底；

（5）到土豆熟时，再放些植物油和酒，混合好即可，装盘时撒上一些芹菜末。

（二）韩式鸡肉炖土豆

【原料】琵琶鸡腿 400g、土豆 3 个、洋葱 2 个、胡萝卜 1 个、大葱半棵、姜一块、红辣椒 1 棵、大蒜 6 粒、紫苏 4 片、韩式辣椒酱 3 大勺、辣椒粉 2 大勺、糖 2 大勺、料酒 1 小勺、芝麻油 2 大勺、色拉油少许、盐 1 小勺、胡椒少许。

【制作过程】

（1）将洋葱竖切成条状，大蒜（4 粒）切碎，胡萝卜切块儿，生姜切片，紫苏、红青椒、大葱切丝；

（2）将锅烧热，加入少许色拉油，待油热了以后放入琵琶鸡腿，炒至腿皮的颜色变白；加入洋葱，炒 3 分钟；

（3）加入胡萝卜再炒 2~3 分钟；炒好以后加汤，待汤煮开，用勺子撇去上边的菜沫；

（4）往蒜末里加入芝麻油、辣椒粉、辣椒酱，搅匀后，慢慢加入菜锅，将菜汤拌均匀后，盖锅煮 10 分钟；

（5）将土豆带皮洗净后，分别包上保鲜膜，放入微波炉，600W 加热 5 分钟。取出剥皮后，每个都分别横竖两刀切成四块儿；

（6）往已经煮了 10 分钟的菜里加入土豆块儿，再加入糖、盐，盖锅再煮 10 分钟；

（7）待菜煮好以后关火，加入葱丝、红青椒丝、紫苏丝；稍微盖会儿盖子，就搞定这个韩式鸡肉炖土豆了。

（三）俄式土豆沙拉

【原料】土豆、洋葱、紫苏、沙拉酱、盐、胡椒粉。

【制作过程】

（1）将土豆整个煮熟，去皮切小块冷却备用；

（2）将洋葱切成碎丁，焯油锅，放入切好的培根、洋葱碎丁、紫苏（一种香料，家里做不放也没关系），炒香冷却备用；

（3）在（1）、（2）的混合物中加沙拉酱、盐、胡椒粉，拌匀即可。

（四）犹太风味的马铃薯饼

【原料】冷冻碎马铃薯细条（解冻后待用）、1杯切好的碎洋葱、4个大鸡蛋、1/3杯通用面粉、1汤勺盐、3/4茶匙胡椒粉、蔬菜油。

【制作过程】

（1）将除蔬菜油外的配料倒入碗中拌匀；

（2）在铁锅中倒入油，中火加至油热，倒半杯混合物至锅中，压平做成面饼；

（3）将马铃薯煎至表面金黄色后放在纸巾上沥干即可。

这款薯饼是来自犹太人传统节日的食品，烹饪时间10分钟。

（五）意大利风味马铃薯泥

【原料】马铃薯泥、2茶匙灌装胡椒、1茶匙柠檬汁、香菜。

【制作过程】

（1）准备4份马铃薯泥；

（2）在加热的马铃薯泥里加入胡椒和柠檬汁，搅拌均匀；

（3）配上一些香菜即可食用。烹饪时间不超过15分钟。

（六）美式冻辣马铃薯汤

【原料】鸡味汤0.946升、冷冻马铃薯泥块1磅12盎司、牛奶1杯、鲜柠檬汁1杯、橄榄油2汤勺、洋葱碎丁1杯、孜然2/3杯、盐1茶匙、辣椒粉1茶匙、香菜、切碎的鲜辣椒2汤勺。

【制作过程】

（1）把鸡味汤放进大锅炖好，然后放进马铃薯泥块，边煮边搅拌至马铃薯泥溶开，再加入奶继续搅拌汤，直至均匀；

（2）把汤倒入搅拌器里，加入鲜柠檬汁，搅拌均匀；

（3）将橄榄油倒入砂锅，加至中热，放入洋葱、绿辣椒、孜然、盐和辣椒粉，炒10分钟，不时搅拌至洋葱变软而不变色；

（4）将炒制的洋葱辣椒倒入马铃薯汤中，制成辣马铃薯汤；

（5）把锅放入冰槽，搅拌冷却，吃之前再加入辣椒和香菜搅拌均匀。

（七）日本风味马铃薯泥

【原料】马铃薯泥片或圆块、2茶匙准备好的芥末面团、1茶匙烤白芝麻、2茶匙黑芝麻。

【制作过程】

（1）按照包装说明准备4杯马铃薯泥（约6~8人份）；

（2）在加热的马铃薯泥里加热芥末，搅拌均匀；

（3）配上一些白、黑芝麻食用。烹饪时间不超过15分钟。

二、国内马铃薯地方名吃

（一）山西名吃“土豆拨烂子”

说起土豆的吃法，大家都知道炒着吃、蒸着吃、和牛肉一起烧着吃。但是，山西有一种土豆的吃法，叫“土豆拨烂子”，这种吃法可能大部分中国人都不太熟悉。制作过程如下：

（1）先准备好一个合面盆；

（2）将土豆去皮待用，两个人吃的话要用两个土豆，既能当主食，又可以当菜；

（3）用大孔的擦子，将土豆擦成丝；

（4）准备半碗干面；

（5）把干面撒在擦好的土豆丝上，用手搓匀，土豆丝不能粘在一起；

（6）上锅大火蒸12~15分钟；

（7）关火，掀盖，晾一晾；

（8）放入油，将葱蒜煸炒一下，之后放入韭菜；

（9）把蒸好的土豆丝放入锅中翻炒，根据口味放入调料。

（二）温州泰顺小吃“土豆年糕”

主要材料：纯红薯粉、土豆。

配料：葫芦、虾仁、胡萝卜、南瓜、青瓜、火腿肠。

【制作过程】

（1）将土豆洗净，蒸熟，去皮，放保鲜袋里，用擀面杖擀成土豆泥；

（2）将红薯粉也放保鲜袋里，擀成粉状；

（3）将土豆泥跟红薯粉放盆里，5∶1的比例，放适量盐，揉啊揉，揉成团，中间不加水；

（4）将蒸锅垫上湿纱布，放上揉好的土豆团，蒸25分钟（分小段蒸比较快），凉透后切条；

（5）将配料切好，比如可用葫芦、胡萝卜、南瓜、虾仁、青瓜做配料；

（6）坐锅点火，将胡萝卜、南瓜、葫芦一同放入炒锅内翻炒，翻炒一会儿，加适量水煮开；

（7）等配料八成熟的时候，放入切好的土豆年糕条，再放入虾仁跟火腿肠，轻轻翻炒，加入蚝油调味，最后加些青瓜条进去，增色增口感（不能太用力的用锅铲，土豆年糕容易断喽）。

（三）云南小吃之王——炸洋芋

炸洋芋是云南的特色小吃。它的做法很简单，无非是将土豆切块，炸至酥软后蘸着酱吃。可是切成什么形状，炸到什么程度，蘸甜面酱还是辣酱，在云南却是大大不同的。

钱锅街上有一家很不起眼的小店，就是靠着炸洋芋起家的，现在那家店所在的小巷，竟然有了个公认的名字——“洋芋巷”，可见它的影响力之大。到他们家点一份甜酱洋芋，黄澄澄的炸洋芋上浇着浓稠的甜酱，洋芋炸的酥软绵糯，底部还有一层脆脆的焦皮，嚼起来还会有油渣渗出，很是美味。

在昆明，每家小吃店的炸洋芋都有自己的特色，有的是条状，有的是块状，有的是蘸着酱吃，有的是把酱和炸洋芋块拌在一起上桌。至于酱的味道更是变化万千，甜、香、辣，拌着肉丁、豆腐丁，各种版本都有。这种最常见的食材和最为简单的烹制方法，却给了我们最丰富的美味选择。

（四）甘肃地方小吃——孜然椒盐小土豆

孜然椒盐小土豆的做法如下：

主料：土豆500克。

辅料：朝天椒 3 个、尖椒 2 个。

调料：蒜 4 瓣、孜然 3 克、辣椒粉 3 克、椒盐 3 克、盐焗粉 2 克、植物油 3 汤匙。

具体做法：

（1）锅下水将洗净表皮的小土豆入煮熟；

（2）煮至用筷子戳入较大的小土豆中能轻易插入就可；

（3）将煮熟的小土豆用冷水冲凉，用手一捏去掉表皮，蒜拍成蒜蓉，朝天椒、尖椒切薄圈备好；

（4）锅下 2 汤匙植物油烧热，放入一半的蒜蓉爆香，再放入小土豆；

（5）用锅铲压扁小土豆，小火将小土豆两面煎至表皮金黄带脆即可；

（6）另锅下 1 汤匙植物油，爆香余下的蒜蓉和一半朝天椒圈；

（7）然后倒入煎香的土豆；

（8）调小火，撒入辣椒粉；

（9）放入孜然和椒盐粉，继续翻炒；

（10）再撒入盐焗粉，翻炒均匀；

（11）再倒入余下的朝天椒圈和尖椒圈，翻炒片刻即可装盘。

（五）福建沙县名小吃——马铃薯饺

材料：马铃薯 700 克、生粉 500 克、番薯粉 100 克、馅料适量。

马铃薯饺的做法：

（1）将马铃薯蒸熟备用；

（2）把马铃薯捣碎，加入生粉和番薯粉；

（3）使劲揉面，将马铃薯完全融入粉中；

（4）先将皮一侧捏紧，再将剩余皮围过来，包成三角形；

（5）砧板上洒些生粉，将包好的薯饺排开，要互留间隔；

（6）锅加水烧开，入薯饺煮至浮起，中火再煮 1 分钟；

（7）捞起，加醋、麻油或辣酱拌匀即食，亦可加入排骨汤中，就汤一起食用。

（六）四川乐山小吃——狼牙土豆（天蚕土豆）

狼牙土豆是乐山的一种地方风味小吃，是由四川小吃“天蚕土豆”改进而来，在乐山可比麦当劳的薯条畅销，多在街头巷尾摆摊设点，现炸现卖，在乐山是家喻户晓的饭后小食。

材料：中型大小的土豆适量、莲藕 1 节、平蘑菇 1 份、魔芋 1 块、菜花 1/4 个（也可以根据自己喜好加入其他时令蔬菜）、香葱 2 根、香菜 2 根、辣椒粉 20 克、花椒粉 10 克、孜然粉 10 克，盐、味精、鸡精、白糖少许，根据个人口味可加入少许醋，不可少的是主角卤油（即卤肉店中多次反复卤制肉质食品而沉淀出的油脂）。

做法：

（1）将土豆用特制的刀具切成齿状，像犬牙交错，长约 4 厘米，厚约 1 厘米，切好后泡在水里，去一下淀粉，其他时令蔬菜备好后待用。

（2）锅内倒入卤油烧至微微冒烟后转至文火，放入土豆、菜花这种不易熟的蔬菜先炸 1 分钟，随后再放入其余的蔬菜一起炸 2~3 分钟至熟即可控油捞出。

（3）将炸好的菜倒入一个较大的容器，然后倒入辣椒粉、花椒粉、孜然粉、盐、味精、葱和香菜沫拌匀即可，根据个人口味还可加入糖醋。

天蚕土豆与狼牙土豆的区别在于前者不加任何蔬菜，制作也更为简单快捷，很受年轻人喜爱，但营养过于单一，没有狼牙土豆健康。

天蚕土豆的做法：(1) 将土豆刮皮洗净切成波浪形或长条形；(2) 锅里放油炸熟，出锅；(3) 放盐和调料，结合个人喜好。

(七) 贵州小吃——洋芋粑

材料：洋芋（小土豆）4~5个，盐、葱、姜、蒜、肉末少量，猪油或菜油，胡椒粉。

做法：

(1) 将土豆洗净下锅煮至熟透，捞出剥去外皮，用勺子碾碎成土豆茸，加少许面粉、适量盐、味精、葱花拌均匀，捏成厚2.5厘米直径8厘米大小土豆饼。

(2) 调料配制：适量花椒面、酱油、味精、葱花、海带丝、泡酸萝卜（切成5~6毫米大小碎丁）、胡椒面、姜末、花生仁（擀碎）拌均匀。

(3) 用平底锅下少许菜油烧至6成热，下土豆饼小火烙成两面金黄色出锅，加配好的调料拌食。

(八) 洋芋擦擦

洋芋擦擦是陕北、晋西以及甘肃陇东等地的传统饭食之一，有些地方称为"洋芋不拉"、"洋芋库勒"，周边地区又叫做"菜疙瘩"。洋芋擦擦是菜疙瘩中的一种。

做法：

主料：洋芋（土豆）

配料：蒜苗（或葱）、姜、盐、五香粉、花椒、姜末、胡椒、味精、辣椒油（泼辣椒面的油不能过高）、自制的西红柿酱。

做法一：

(1) 取洋芋若干，用擦子擦成寸长的薄片儿，同面粉搅匀，上锅蒸熟。食用时，盛入大碗，调入蒜泥、辣面、酱、醋和葱炝清油，再拌入花椒、葱丝、姜粉、盐和西红柿酱。

(2) 把土豆切粗丝（没有擦子的就切吧），然后在水里泡一会，控水，然后裹上面粉。将裹好面粉的土豆上蒸锅蒸，注意，屉布上抹点油，防止粘。蒸上大约30分钟。

(3) 其吃法主要分为炒、拌两种，前者是用肉、辣椒等炒着吃，后者是把洋葱、柿子椒、辣椒面、一些肉馅、葱、蒜瓣放在锅里炒到八成熟，然后放入刚才蒸好的土豆丝，一起拌着吃，放酱油、盐、孜然粉、辣椒粉就可以起锅了。

做法二：

(1) 先把土豆削皮，地道的作法是用带孔的擦子擦成丝，这样做的目的是为了更好地沾匀面粉，擦子超市一般有卖的；

(2) 打进去一个鸡蛋，分次加入面粉，调入盐、鸡精、花椒粉调味，用手抓匀；

(3) 进锅隔水蒸15分钟蒸熟；

(4) 平铺在案板上晾凉，准备青椒、姜末、蒜末；

(5) 起油锅，放入花椒、姜末、蒜末、青椒爆香，然后放入洋芋翻炒，再加些盐、鸡精，出锅前撒点芝麻进去即可。

（九）湖北小吃—炕洋芋

“炕”是湖北宜昌的方言，是煎、炒、焖、炸之外的一种做菜方式。

做法：

先将洋芋刮皮洗净，放在锅里煮一煮，不等全熟捞起来，立即放在锅里炕，放油，翻来复去将表皮炕得焦黄，再放进盐、蒜末、辣椒粉，拌匀即可。客人来了，奉上一碗，作为饭前压肚之食，是一种湖北省宜昌市地道的风味食品。

（十）洋芋糍粑

洋芋糍粑，是一种以马铃薯（土豆）为主要原材料的地方小吃，流行于甘肃、陕西、四川、贵州、云南的部分地区。甘肃称其为洋芋搅团，贵州云南称其为洋芋粑粑。

主料：土豆。

辅料：油泼辣椒、陈醋、葱、姜、蒜、香菜、蘑菇、粉丝、米线、食用油等。

做法：

（1）将洗净的土豆削皮后煮熟。

（2）把煮熟的土豆放入一个凹形容器（如石槽）中捣碎，直到很黏，可以拉起来很细的丝为止，盛入碗或盆中。

（3）把葱、姜、蒜和蘑菇炒到四分熟时加入粉丝等，加水熬汤。

（4）把熬好的汤汁浇到盛到碗中的土豆泥上，调上油泼辣椒、陈醋（根据个人口味酌情加入）。至此，洋芋糍粑便大功告成。

（十一）四川成都名小吃——洋芋饼

四川成都名小吃洋芋饼在民间流传广泛，常作为筵席之用，曾荣获“成都优质小吃”和“成都名小吃”的称号。洋芋饼馅心多样，以火腿洋芋饼为代表。

做法：

（1）将土豆洗净，入笼蒸熟，趁热去皮，挤压成茸泥，制成皮坯。

（2）将猪肉剁成碎粒，火腿切成 0.2 厘米大的粒，葱白切成虫眼葱。用中火将熟猪油烧至五成热，下猪肉炒成散粒，再加酱油、精盐、料酒炒匀，起锅盛入盆内，加火腿、芝麻油、胡椒粉、味精、花椒粉及葱拌匀为馅料。

（3）用皮坯包上馅料，制成直径 5 厘米、厚 1.5 厘米的圆饼，放入鸡蛋液中沾匀，再粘上面包粉待用。

（4）用中火将锅内菜籽油烧至七成热，放入饼坯炸制，待其皮酥色黄时，捞出即可。

三、我国马铃薯特色菜谱

（一）土豆丝

1. 醋溜土豆丝

【原料】土豆 2 个、西洋芹 3~4 根、红辣椒 1 根、姜、盐 1/4 小匙、糖 1/2 小匙、白醋 4/5 大匙、香油 1 小匙。

【制作过程】

（1）土豆去皮切丝，用清水泡 5 分钟，沥干水分。

（2）西洋芹切条状，红辣椒切丝备用。

（3）用少许油爆香姜丝、红辣椒，下西洋芹略炒，添加盐 1/4 小匙、糖 1/2 小匙，再下土豆丝快速翻炒，熄火前，添加醋及香油调味即可。

2. 土豆丝摊鸡蛋

【原料】鸡蛋、土豆、精盐、味精、胡椒粉。

【制作过程】

（1）将土豆去皮切成细丝，用水洗一下后放入大碗中，打入两三个鸡蛋，用筷子将鸡蛋和土豆丝打匀。

（2）将平底锅烧热放油，把搅好的蛋糊平摊在锅内，两面煎黄，土豆丝熟透后出锅装盘，薄薄地撒上精盐、味精、胡椒粉。

3. 呛土豆丝

【原料】土豆、花椒 3g、干辣椒 1 条、青椒半个、香菜 1 棵、油 10ml、盐、味精。

【制作过程】

（1）土豆切成细丝，用水洗去淀粉，再浸泡 15 分钟左右，干辣椒水泡切丝。

（2）烧一锅水，煮土豆丝到熟，基本上水开了就差不多了。用凉水冷却以免土豆发黏。

（3）冷却土豆丝放盐、味精，加辣椒丝拌匀，放置 15 分钟左右，然后把辣椒丝挑到菜的表面准备淋油。

（4）起油锅炸花椒油，花椒糊后捞出，将热油淋到土豆丝上面。

（5）（可选项）香菜切细，青椒切丝，扔进去，搅拌均匀。

4. 干煸黄金土豆丝

【原料】土豆丝 400 克、花椒、加碘食盐、干辣椒、香醋、大蒜、生姜、芝麻香油。

【制作过程】

（1）土豆切细丝，用水洗，去掉土豆丝裸露在外的淀粉。

（2）锅里放入 300 克食用油，烧至 5 成熟，放入土豆丝，炸至金黄，捞出待用。

（3）锅里放入适量的食用油，烧至 7 成熟，放入花椒、切好的生姜、大蒜以及干辣椒丝，翻炒片刻，放入炸好的土豆丝，加入适量的食盐、香醋，片刻后出锅装盘，淋上芝麻香油。

5. 凉炝香辣土豆丝

【原料】土豆、蒜末、辣椒面。

【制作过程】

（1）先切好土豆丝。

（2）烧开水将土豆丝氽一下水，一定不要时间太长了，时间太长土豆丝就不脆。

（3）将烫好的土豆丝捞起，放在盆里，撒上蒜末、辣椒面（事先炸好的辣椒油也可以，不过没有现炸的香）。

（4）将锅里烧点油，最好加点花椒（花椒油也行），烧冒烟了往土豆丝上一浇，然后盖上盖，焖一会儿。

（5）放点盐、味精、少许糖、白醋、香菜、淋少许香油（可加可不加）。

6. 酸辣土豆丝

【原料】土豆 1 个、小辣椒、花椒、蒜瓣。

【制作过程】

（1）把土豆去皮切丝，越细越好，再把青红椒切丝，蒜瓣切粒。

（2）将土豆丝过冷水去淀粉，这样炒出的菜口感脆。

（3）准备好盐和白醋，用白醋会使菜品看着色彩干净。

（4）开火、坐炒锅、添油。

（5）油温热时，把花椒粒放进去，炸出香味后捞出，油热时，把辣椒丝和蒜粒放入，爆出香味。

（6）倒入土豆丝，掂锅翻炒几下。

（7）倒白醋，放盐，动作要快，再翻炒几下，使盐味更匀。

（8）菜熟装盘、整形。

（二）红烧土豆

1. 红烧牛肉马铃薯

【原料】牛腿肉 150 克，马铃薯 100 克，酱油 15 克，精盐、葱段、姜片各适量。

【制作过程】

（1）将牛肉洗净，切成小方块；马铃薯洗净，削去皮，切成滚刀块。

（2）锅置火上，下入牛肉，酱油炒之，加入葱、姜、酱油，并加入水浸过的肉块，盖上锅盖，用文火炖至肉快烂时，加入精盐，将马铃薯放入再炖，炖至肉、马铃薯酥烂而入味时即成。

2. 红烧土豆

【原料】土豆数个。

【制作过程】

（1）将土豆数个煮熟备用；

（2）将煮熟的土豆去皮，切成小方块；

（3）将切好的土豆入油锅内，加盐、酱油翻炒片刻，加入少许鸡精即可起锅。

3. 土豆烧肉

【原料】瘦猪肉 750 克、去皮土豆 1.25 公斤。

【制作过程】

（1）将肉切成 1.5 厘米见方的块，葱切段，姜切片，土豆切成小滚刀块。

（2）将油放入锅内烧热，投入土豆，炸成金黄色捞出；肉块用少许酱油拌匀稍腌一下，投入油内炸成金红色捞出待用。

（3）将炸过的肉放入锅内，加入水（以漫过肉为度）、酱油、精盐、料酒、白糖、大料、葱段、姜片，用大火烧开后，转微火烧至近烂，加入土豆，搅拌均匀，待土豆入味，勾芡即成。

（三）土豆汤

1. 土豆南瓜汤

【原料】土豆、南瓜 、杏脯、红枣、枸杞、盐、蘑菇精。

【制作过程】

（1）把土豆和南瓜切小块，杏脯、红枣切小粒，枸杞泡水。

（2）锅里放入少许油，把切好的土豆和南瓜倒入翻炒几下，加水，再加盐和蘑菇精少许。

（3）把（2）倒入高压锅，加入切好的杏脯、红枣以及泡好的枸杞，焖 5～8 分钟

(也可以在炖锅中慢慢炖，直到土豆和南瓜熟烂）即可。

（四）炖土豆

1. 土豆炖牛肉

【原料】土豆 250 克、牛肉 300 克、葱段 5 克、姜块 5 克、咖喱粉 25 克 、精盐 5 克、味精 2 克、酱油 25 克、料酒 5 克。

【制作过程】

（1）将土豆洗净去皮，切成三角块，牛肉切成块，放入开水中焯一下捞出。

（2）锅内加水，放入牛肉、料酒、葱、姜烧开，用慢火炖至半熟，去浮沫，放入土豆块同炖，待快熟时，加精盐、酱油、咖喱粉同炖，熟后加味精盛出即可。

2. 土豆炖豆腐

【原料】土豆 2 个、豆腐 1 块、东北大酱 1 袋、葱 1 根、姜和蒜若干、香菜 1 根、酱油、糖。

【制作过程】

（1）土豆去皮洗净，切块或者切条。

（2）豆腐切片。

（3）葱、姜、蒜切沫。

（4）豆腐放开水锅里紧一下（就是拿开水焯一下），使豆腐表皮凝固一下下，防止炖的时候煮烂了。

（5）放油，把葱和姜爆香，放少许酱油调味，把土豆条放到锅内翻炒，翻炒 5 分钟左右。

（6）添水，水要没过土豆。

（7）大火炖，在土豆 6~7 分熟的时候放入豆腐。

（8）小火炖，同时放东北大酱两勺（可根据自己口味调节，南方的朋友可能不喜欢吃咸的，那可以跳过此步）。

（9）快开锅的时候放少许糖，调鲜。

（10）开锅后停火，不要马上起锅，闷 3~5 分钟，让酱香和豆腐香入味。

（11）起锅，别忘记放味精或蘑菇精，加香菜末。

（五）土豆饼

1. 土豆肉糜小饼

【原料】土豆 3~4 个、肉糜 50 克、油、胡椒粉、盐、糖、鸡精、料酒。

【制作过程】

（1）把土豆煮熟去皮捣成土豆泥，再把肉糜放进去，加调料（胡椒粉、盐、糖、鸡精、料酒）拌匀。

（2）用小勺把肉糜土豆泥舀成小饼或小丸式的，放入油锅里炸至金黄色即可。可沾辣酱吃，也可红烧（加一个青椒，放入锅里加点酱油和糖，勾芡即可出锅）。

2. 香煎土豆饼

【原料】土豆、猪肉、盐、味精。

【制作过程】

（1）土豆两个蒸熟剥皮，用机器打成酱状。

（2）将炒熟的碎猪肉、盐、味精拌入土豆泥，做成饼状。

（3）入锅，用小火煎。

（4）煎至一面焦黄时翻转，改煎另一面。

（5）煎至两面焦黄时起锅，装盘。

注：两面煎黄后双面撒匀葱花，一定要将葱花压入饼内才好吃，待两面焦黄色即可。

（六）焖土豆

1. 蘑菇焖土豆

【原料】净土豆500克、蘑菇20个（罐装）、熬西红柿酱红油20克、精盐适量、胡椒面少许、香菜末10克。

【制作过程】

（1）土豆洗净去皮，用刀切成厚片。

（2）用煎盘一个，放入熬西红柿酱的红油，上火烧热，然后下入生土豆片，可以稍加一些清汤，加盐和胡椒面，调好口味后焖。待焖至八成熟时，放入切成片的蘑菇一起焖熟即可。盛入盘时，上撒香菜末。

2. 酱焖小土豆

【原料】小土豆、豆瓣酱、老抽、白糖、盐、大葱、生姜、味精。

【制作过程】

（1）小土豆洗净去皮，切块。

（2）大葱、生姜切片。

（3）起油锅，爆香葱和姜，放入豆瓣酱炒香，再放入土豆块、老抽、白糖、盐，翻炒2分钟，加适量清水大火烧开，加盖，小火焖至锅内汤汁浓稠，加入味精调匀即可。

3. 香辣排骨焖土豆

【原料】排骨、土豆、老抽（上色）、生抽（上味）、砂糖适量、姜片适量、料酒15mL。

【制作过程】

（1）小排骨适量剁成小段。

（2）土豆削皮切小块，和排骨差不多大小。

（3）锅上火，热锅凉油，等油热了后放入姜片，爆香。

（4）爆炒排骨，炒干水分和腥气。

（5）放入生抽、老抽、白砂糖和酒，翻炒几下，再加一点水。

（6）放入土豆，盖上锅盖焖一会儿。

（7）放入适量辣酱，拌匀，加点水，然后就焖吧！大概焖20~25分钟就可以了。土豆不要先过油，味道容易进去。

（七）炸土豆

1. 炸薯条

【原料】土豆2个，盐、胡椒适量，番茄酱适量。

【制作过程】

（1）准备原料：将土豆削去皮，切成1厘米宽的方条，在水中浸泡大约一刻钟时间，然后沥干水分，最好用吸水纸仔细吸干水分。

（2）下锅炸：将油倒入锅中加热，然后将薯条放入锅中，炸至呈金黄色后起锅。

（3）装盘：炸好后将油沥干，趁热撒上盐和胡椒。

2. 煎土豆

【原料】土豆数个。

【制作过程】

（1）将土豆切片备用。

（2）锅烧热，放少许油。

（3）将切好的土豆片放入锅内，煎至两面金黄。

（4）待土豆七八成熟变软时放适量盐，起锅即可。

四、马铃薯饮料

马铃薯固体饮料是一种新型的粉末植物饮料，营养丰富，无胆固醇，易冲调，冲后为乳白色，有类似牛奶的风味，尤其适合老年人饮用。

（1）马铃薯保健饮料：该饮料原料各成分的重量百分比为马铃薯10%~11%、玉米胚芽4%~5%、甜苹果4%~5%，余下为水。上述三种原料经选料、清洗、磨浆、离心等工序制备成上清液，加入适量的甜味剂、护色剂和稳定剂，再经均质、脱气、罐装灭菌制成产品。该饮料原料富含营养，资源丰富，成本低廉，市场前景广泛，并具有新鲜果蔬及玉米清香味，味道淡雅，甜度适中，口感较佳，长期饮用，可促进新陈代谢，增加免疫力，有益于健康。

（2）黑乌莲（黑美人）生汁饮料：青海省研发出全国首例黑乌莲生汁饮料，2011年6月10日，西宁城南国际展览中心人流如织，大家都在品尝一种饮料，喝完了还咂咂嘴："嗯，实在好喝。"这种小瓶装的饮料呈清亮的紫色，标签上写着"黑乌莲饮料"。看产品说明，原来"黑乌莲"就是俗称"黑美人"的紫色洋芋蛋。

黑乌莲中含有大量人体所需的维生素、矿物质、微量元素等，因而营养丰富，有很好的药用和食补作用。特别是它富含的花青素有抗氧化、抗衰老、抗癌、提高人体免疫力等功效。

（3）紫马铃薯保健饮料：紫马铃薯为原料，经过挑选洗净后，去皮、切片、打浆等原料预处理后得紫马铃薯浆液，浆液再经酶解、灭酶、离心得紫马铃薯汁，然后加入甜味剂、柠檬酸、稳定剂等辅料进行调配后，灌装、灭菌，即制得紫马铃薯保健饮料。紫马铃薯饮料酸甜适口，风味独特，营养丰富，具有抗氧化活性、抗癌、延缓衰老、增强体质、增强视力等保健功效。

第三节　马铃薯厨艺大赛

一、2010年第二届中国滕州马铃薯节马铃薯厨艺大赛

山东省滕州市自2009年起，借举办中国滕州马铃薯节之际，同时举办了马铃薯厨艺大赛，目前已连续举办七届，有效地促进了当地乃至全国的马铃薯厨艺与饮食文化水平的提高。

2010 年 4 月 9 日下午，第二届中国滕州马铃薯节马铃薯厨艺大赛在滕州宾馆举行。此次马铃薯厨艺大赛由农业部信息中心、中国蔬菜流通协会、滕州市人民政府主办，由市工商联、市商会、市餐饮业商会联合承办，旨在进一步提升中国（滕州）马铃薯节的知名度和影响力，强化餐饮业品牌战略，倡导绿色餐饮、和谐餐饮，充分展示餐饮服务业在滕州经济社会发展中的拉动作用。共有来自滕州市的 20 余名厨师参加比赛。最终，来自滕州宾馆的张怀立等 5 名厨师获一等奖。

二、江门市首届马铃薯节暨烹饪大赛

由《江门日报》、江门市厨点师协会和乐游江门大联盟共同举办的江门首届马铃薯节暨烹饪大赛，于 2015 年 3 月 27~29 日在五邑华侨广场举行。大赛有 20 多位大厨现场烹饪各种不同风味的马铃薯美食，美食评判专家对其做出评分，并在现场给优胜者颁奖。

马铃薯节暨烹饪大赛的举办，在庆祝马铃薯丰收的同时，也让市民了解了本地的优质马铃薯产品。活动现场还有新鲜马铃薯免费派送活动，市民到场扫“江门日报邑街坊”二维码并关注，就可到指定位置免费领取新鲜马铃薯一份。

第五章　马铃薯与文学艺术

第一节　马铃薯题材的文学作品

一、马铃薯题材的小说、散文、诗词、报告文学

在与马铃薯相关的散文、诗词、小说、报告文学、歌赋等文学作品中，主题多集中于对童年及贫困生活时期物质与精神生活的回忆，多有些伤感，甚至还有点悲情。而恰恰从这些文学作品中，我们可以深刻体会到人间大爱、人与人之间浓浓的情感及精神依赖，也看到各族人民群众团结奋斗、顽强拼搏、艰苦创业的精神以及国家兴旺发达、社会发展进步、人民生活日益改善的历史发展脉络。

国内外有关马铃薯主题的文学作品形式多样，数量非常多。下面介绍其中很少的一部分，供读者欣赏。

1. 马铃薯题材的小说

《吃马铃薯的日子》（作者：刘绍铭，2008 年 2 月江苏教育出版社出版）：本书是作者的回忆文字、自传文字。作者在“童年杂忆”和“吃马铃薯的日子”这两部分中记述了其成长、求学过程中的点点滴滴，特别是刻骨铭心的艰辛和磨砺。“童年杂忆”写作者童年时的生活——告别父母、离乡背井、寄人篱下、按押度日、失学、当童工，读之令人心酸；“吃马铃薯的日子”叙述作者求学美国的辛苦经历——凄楚无援、退亦无路、孤苦寂寞，读之令人伤感。本书作者刘绍铭生于 1934 年，广东惠阳人，台湾大学外文系毕业，美国印第安纳大学比较文学博士，曾先后任教于香港中文大学、新加坡大学 、夏威夷大学、威斯康辛大学。后任香港岭南大学翻译系讲座教授，中文系主任。

2. 马铃薯题材的散文

国内有关马铃薯题材的散文作品非常多，主要描写马铃薯及相关的人和事，表达真情实感。如《洋芋花开》（百万网民话改革、谈发展 2008，作品编号：849，作者：涉陟）；《洋芋情不了》（尤屹峰）、《马铃薯的自述》（吴一丹）等。

3. 马铃薯题材的诗词

马铃薯题材的诗词，反映马铃薯种植栽培、育种、加工和食用等各个方面。诗词既抒发人们的内心情感，也隐含科学价值及历史意义。如《洋芋花开了 · 外二首》。（作者：单永珍/回族，朔方 2010 第 Z1 期）、《悠悠故乡洋芋情》（原创现代）、《土豆花开 · 外三首》（作者：涉陟）、《马铃薯赋》（作者：刘新民，2008 年 10 月 15 日，《定西日报》）、土豆赋（百花，《甘肃日报》2010-05-24）等。

4. 马铃薯题材的报告文学作品

国内以马铃薯为题材的报告文学作品，主要是《土豆天下》。《土豆天下》是定西市作家协会副主席杨学文通过 3 年的实地采访，耗时 3 年时间，九易其稿，完成的反映定西马铃薯种植史的长篇报告文学。

该作品是中国第一部以马铃薯种植历史为题材的长篇报告文学，全书 20 万字，以定西近十年来的马铃薯发展史为主线，通过全景式的叙述，用大量真实感人的事实，图文并茂，详细叙述了甘肃定西的马铃薯种植史，向世人昭示了在党的领导下，群众苦干、干部苦帮、领导苦抓的“三苦精神”，定西人民这种不畏困难的战天斗地精神，正是现代社会发展必备的民族精神。

该作品通过对定西发展马铃薯产业的历史追忆，就制定和实施马铃薯品牌发展战略，广泛深入地开展争创全国名牌的活动，打造“中国薯都”，提供了文化依据。该作品获得由中国文联等单位联合举办的“中国时代新闻人物优秀报告文学”二等奖。

二、马铃薯题材的童话、哲理、成语、楹联、谚语

阳婆婆，红烙烙，我给你烙个油馍馍，你吃着，我晒着，洋芋疙瘩炒菜着

——陇中童谣

（一）马铃薯题材的童话

土豆又名马铃薯。在儿童童话故事等作品中，经常会出现以马铃薯为题材的文学作品。如“土豆”为何叫“马铃薯”、煮土豆、土豆家的故事、土豆房子、小鼹鼠的土豆、土豆妈妈和它的宝宝们、小土豆的白日梦、傻小熊和马铃薯、土豆阿莫、一枚被遗忘的土豆、喝碗土豆汤吧、土豆阿黄、土豆先生游记、土豆炸弹的威力、地上开花地下结果的马铃薯、马铃薯和红薯、土豆历险记等。

1.“土豆”为何叫“马铃薯”

传说上帝在创造这个世界时，全部事情都已做完，但手里还剩下最后一块泥土。上帝一边想，一边放在手里撮来撮去，最后捏成了一根细细的长泥巴条，一下子贴在了安第斯山的山脚下。上帝骑上自己的高头大马正要走的时候，忽然想起一个问题：这块土地上的人们吃什么呢？于是他摘下马脖子上的一个铃铛，顺手丢到这块土地上，说：“去生根发芽，养育那里的人们吧！”从此，这种茎块植物就成为那里人们的主要食物了。随着这种植物的不断传播，人们根据这种植物的来源、性味和形态，给它取了许多有趣的名字，例如：意大利人叫地豆，法国人叫地苹果，德国人叫地梨，美国人叫爱尔兰豆薯，俄国人叫荷兰薯；我国云南、贵州一带叫芋或洋山芋，广西叫番鬼慈薯，山西叫山药蛋，东北各省多叫土豆等。但这些名字都不符合上帝的本意，还是植物学家们懂得上帝的心思，给它取了个世界通用的学名——马铃薯。

2. 小鼹鼠的土豆

每天，鼹鼠们的生活就是在地下不停地挖洞，寻找着宝贝。但这只小鼹鼠的运气很不好，他什么也没找到过。他总是不停地挖着，“总会找到些什么吧。”他笑着对自己说，“也许我还能带着它去见鼹鼠姑娘。”

一天，他发现了一颗小土豆。小鼹鼠把它握在手里，仿佛能感觉到土豆在颤动。“也许，我该做一个农夫。”从此，小鼹鼠就在土豆旁边住下了。他每天都为土豆浇好几遍水……小土豆终于长大了，小鼹鼠高兴地说：“现在可以请鼹鼠姑娘来看了！”鼹鼠姑娘

的家里已经来了许多的鼹鼠，他们带来了钻石以及黄金。正在大家争论谁的东西更有价值时，突然，出现了一只小鼹鼠。它两手撑开，似乎在比划一个尺寸。“到底是什么呀？”鼹鼠姑娘好奇地问。“我没有把它带来。”小鼹鼠有些不安地说：“因为它是有生命的——一颗这么大的土豆！”土豆？大家都笑了，好像这是小丑在表演节目。鼹鼠姑娘不屑地说：“唉！不就是一颗不起眼的土豆吗？”小鼹鼠失望地低下头走了……土豆不管你是希望还是失望，它只是生长。小鼹鼠望着它，心又开始怦怦跳起来：这是我的土豆，不管别人怎样看它，它仍是我的希望！

一天，土豆突然摇晃起来！接着，一下子离开了地里。原来是农夫在拔土豆呢。“这是我的土豆！放开！”小鼹鼠叫道。“不！这是我种的。你瞧，这片田地里的全是！”农夫说。真的，农夫脚下放着几大筐土豆……现在，只剩下小鼹鼠和地上一个个空空的坑。小鼹鼠觉得应该痛哭，然而它没有。

3. 土豆先生游记

土豆先生是一个大大的土豆，头戴一顶旧礼帽，样子有点儿丑，见了人总是笑呵呵的。

土豆先生想教人们种植土豆。它来到 H 国，对国王说：“国王陛下，请让您的臣民种土豆吧，土豆产量很高，而且很好吃。不信请尝一下。”说着土豆先生从兜里掏出一些薯条。国王吃了感觉很好，于是他对臣民们说：“今年大家都种些土豆吧，土豆很好吃，产量很高。”

“可它的样子太丑了，我们不能相信。”臣民们固执地说。国王很生气：“今年谁家不种一部分土豆，我就罚谁每天给王宫打 100 桶水。”臣民们没办法，只好种。到了收获的时候，人们发现土豆的产量真的很高，口味也挺不错。

土豆先生很高兴给一个国家带来快乐，它又来到 W 国，对国王说：“国王陛下，请让您的臣民种些土豆吧，土豆的产量很高，而且口感很好，不信请尝一下。”说着它拿出一些土豆沙拉。国王吃了感觉很好，于是他对臣民们说：“今年大家都种些土豆吧，土豆很好吃，产量很高。”

“可是我们从没种过，我们没办法相信。”臣民们说。国王想了想说：“这样吧，今年谁种土豆，我就奖给谁一枚金币。”臣民们都很高兴地种上了土豆。到了收获的时候，大家觉得种土豆很合适——能吃上美味的土豆，还能奖励金币。

土豆先生又高兴地走了，这回它来到 H 国，同样它还是请国王让臣民们种土豆。但它对国王说了 H 国和 W 国的臣民们开始不愿种土豆的事。

国王仔细考虑了一会儿说：“我有办法了。”他找来几个大臣说：“这里有非常好吃，产量又高的土豆。你们带回家自己种，不要让老百姓知道了。”

几个大臣高兴地带回很多土豆块茎。可不知道这消息怎么让老百姓知道了。大家纷纷找国王评理：“为什么只给大臣们土豆种子，而不给我们呢？这不公平！”国王装作不好意思地说：“好吧，好吧，每家都有。”这样土豆一下子在 H 国种开了。

看到这么多人吃上了香甜的土豆，土豆先生又高兴地走了。他又要到其他国家去了……

4. 土豆“炸弹”的威力

在第二次世界大战中，美国海军的一艘驱逐舰“奥班农”号在所罗门群岛海域航行，突然发现一艘日本潜艇露出水面。几乎同时，日方也发现了“奥班农”号。这一突然遭遇，双方都手足无措。日本潜艇本来装有鱼雷，但因为大部分人员都已爬上甲板，来不及发放。“奥班农”号虽抢先向潜艇指挥塔开火，但慌乱之中，竟无一弹命中目标。日本潜艇迅速向“奥班农”号冲来，很快就接近左弦了，进入舰炮射不到的死角。美舰上的士兵由于仓促临敌，来不及拿武器，这时，一个叫斯密思的士兵急中生智，抓起甲板上小舱里的当菜吃的土豆，没头没脑地朝潜艇砸去。潜艇上的日本士兵错以为落在他们头上的不是手雷就是炸弹，一个个惊恐万分，连滚带爬地往艇里钻。潜艇一面快速下滑，一面开足马力仓惶逃命。结果因慌不择路撞上了暗礁而葬身海底，从而留下了千古笑柄。

（二）马铃薯题材的哲理故事

1. 放下是为了走更远的路（又名：放下你袋中的马铃薯）

有一天，有位老师叫班上每个同学各带个大袋子到学校，她还叫大家到杂货店去买一袋马铃薯，大家就以为老师发神经病，或她对马铃薯有特殊的喜好。第二天上课时，老师叫大家给自己不愿意原谅的人选一个马铃薯，将这人的名字以及犯错的日期都写在上面，再把马铃薯丢到袋子里，这是我们这一周的作业。

第一天还蛮好玩的，快放学时，我的袋子里已经有了九个马铃薯。珍说我新理的头发很丑，巴比打了我的头，吉米虽然知道我必须提高平均分数却不肯让我抄他的作业……每件事都让我欣然地丢个马铃薯到袋子里，还发誓绝不原谅这些对不起我的人。

下课时，老师说在这一整周里，不论到哪儿都得带着这个袋子。我们扛着袋子到学校、回家，甚至和朋友外出也不例外，好啦！一周后，那袋马铃薯就变成了相当沉重的负荷，我已经装了差不多 50 个马铃薯在里面，真把我压垮了，我已经等不及这项作业的结束。

第二天老师问：你们知道自己不肯原谅别人的结果了吗？会有重量压在肩膀上，你不肯原谅的人愈多，这个担子就愈重。对这个重担要怎么办呢？

老师停了几分钟让我们先想一想，然后她自己回答：放下来就行了！

放下是为了走更远的路。

2. 种出你的土豆

杰米原本是不爱吃土豆的，但自打听说了那个关于土豆的故事之后，杰米竟可笑地迷上了这不起眼的鬼东西。那个故事讲的是土豆从美洲引进到法国的历史。在法国，土豆种植了很长时间都没有得到推广。宗教信仰者不欢迎它，还给它起了个怪怪的名字——“鬼苹果”；医生们认定它对健康有害；农学家断言，种植土豆会使土壤变得贫瘠。法国著名农学家安瑞·帕尔曼切曾在德国吃过土豆，决定在自己的祖国培植它。可是，过了很长一段时间，他都未能说服任何人接受它。面对着人们根深蒂固的偏见，他一筹莫展。后来，帕尔曼切决定借助国王的权力来达到自己的目的。1787 年，他终于得到国王的许可，在一块出了名的低产田上栽培土豆。帕尔曼切发誓要让这不招人待见的“鬼苹果”走上法国人的餐桌！他要了个小小的花招——请求国王派出一支全副武装的卫队，每个白天都在那块地里严加看守。这异常的举动撩拨起人们强烈的偷窃欲望。每当夜幕降临，卫兵们撤走之后，人们便悄悄地摸到田里偷挖土豆，然后，再小心翼翼地将它移植到自家的菜园里。每天晚上，土豆田里都能迎来一些蹑手蹑脚的偷窃者。就这样，土豆这丑丑的小东西昂然走进了千家万户。帕尔曼切终于如愿以偿。杰米为土豆感到庆幸，更为帕尔曼切的执著与智慧而唏嘘不已。杰米常常凝视着自己的双手，殷殷叮嘱它：假若你捧住了一株值得捍卫的秧苗，你就要以心为圃，以血为泉，培植它，浇灌它，守望它，期待它，动用整个生命的力量去磨圆一个块茎，让世界知道，有一块方寸之地，最适宜种植奇迹……

3. 数数马铃薯

从前有个老人，每次遇上拖延、意外，或跟别人起冲突、有困扰的时候，他就开始慢慢地数道："1 个马铃薯、2 个马铃薯、3 个马铃薯……他很少数到超过 50 个马铃薯，在他还没数完之前，所有的烦恼都烟消云散了，有的已经忘得干干净净，有的能够看到事情的真相。

4. 把热马铃薯丢回去

在基辛格担任美国国务卿时，有一个记者在访问时提出海军军备上的问题："请问国务卿，海军有多少潜艇导弹，又有多少民兵导弹配置分导式弹头？""我不知道有多少民兵导弹配置这种导弹头，只知道潜艇的数目有多少。但是不知道是不是保密的。"基辛格谨慎地回答。

急切的记者抢着回答："不是保密的。""哦！既然不是保密的，那你倒说说看潜艇数目有多少？"基辛格一句反问，问得记者张口结舌。

英王乔治三世有一次到乡下打猎，中午时感觉肚子有些饿了，就到附近的一家小饭店点了两个鸡蛋暂时充饥。吃完鸡蛋，店主拿来账单。

乔治三世瞄了一眼仆役接过来的账单，很惊异地说："两个鸡蛋要两英镑！鸡蛋在你们这里一定是非常稀有吧？"

店主毕恭毕敬地回答："不，陛下，鸡蛋在这里并不稀有，国王才稀有。鸡蛋的价格必然要和您的身份相称才行。"

乔治三世听完哈哈大笑，让仆役付了账离去。

西谚里有这么一句话："把热马铃薯丢回去！"

热马铃薯指的是对方忽然丢给你的问题与困难。有的问题你在当时便有很快的反应，否则稍有停顿便会烫到自己的手。事后步步埋怨自己没有抓住稍纵即逝的机会做适当的反应，也没有用了。

丢热马铃薯回去还要有技巧，要丢得不愠不火，小心别砸到了对方，伤了感情。高明的人把热马铃薯丢回去时，不但不会砸到对方，还会让对方心服口服地接回他的 Hot Potato。

当然，这些技巧是要经常练习的。常常操练，反转你的大脑，就能够达到这个火候了。

5. 一个马铃薯

法国寓言作家拉・封丹每天早上习惯食用一个马铃薯。有天早上，他把一个太烫的马铃薯放在饭厅的壁炉上凉一凉，随后就离开了房间。可是，等他回来时，那个马铃薯不见了。

"啊，我的上帝，"拉・封丹叫了起来，"谁吃了我放在壁炉上的马铃薯？"

"不是我。"有个佣人说。

"那再好不过了！"拉・封丹说。

"为什么呢？"

“因为马铃薯里有砒霜。”

“啊……上帝！我中毒了！”

“放心吧，孩子，”拉·封丹说，“这是我略施小计，为的是弄清事情的真相。”

人有时免不了会做错事。做错事后敢于承认，勇于改正，这才是正确的态度。如果不敢承认，甚至用说假话的方式来掩盖错误，结果只会是错上加错。我们允许犯错误，但不允许掩盖错误。犯错误也许是工作方法问题，认识水平问题；但有意掩盖错误，那就是道德品质问题了。

6. 马铃薯哲学

美国著名电视节目主持人舒勒博士曾经举过一个十分有趣的例子：爱荷华州的农民以种植马铃薯为生，他们每年都习惯于将收获的马铃薯按体积的不同分为大中小三类，然后分类包装，并以不同的价格出售。分类包装占用了他们大量的精力和时间。

可是有一个农民却从来不这样做，他是当地农民中收入最高的人。有一天，他的一位邻居忍不住问他：“为什么你从来不用对马铃薯分类？”他回答道：“其实道理很简单，我只是把所有的马铃薯装上车，然后将车开到最崎岖的路上。经过 8 英里山路的颠簸，小的马铃薯自然会滑到下面和四周去，而个头较大和体积中等的马铃薯则会自然地留在上层和中央。”

这个道理不仅适合于马铃薯，也能给人以启示：崎岖的生活道路和艰难困苦的环境，往往更能使一个坚强的人充分体现出他们自身的存在价值。越是险恶的环境，越能使强者有所表现。只有强者，才能在磨难和挫折中继续生存，才有勇气去迎接困难的挑战，才有毅力去战胜逆境和获取新的成功。

（三）马铃薯题材的成语谜语

（1）吃里扒（趴）外，打一食物。（谜底：土豆）

（2）纵横交错，前前后后（谜底：土豆）

谜解：“纵（丨）”、“横（—）”交“错（—）”（考试是非题中“—”代表“错”），合为“土”字。“前”字之前和“后”字之后合为“豆”字。

（3）顶开花，下结子，大人小孩爱吃到死。（谜底：土豆）

（4）不长角的豆是什么豆？（谜底：土豆）

（5）马揪着老鼠的衣服把它提了起来。——打一种植物，3 字答案（谜底：马铃薯（马拎鼠））

（四）马铃薯题材的楹联

（1）陇原米粮仓，安定金豆库。

（2）安定扬帆破巨浪，土豆潮头唱大风。

（3）陇中薯豆佳天下，安定金蛋跃龙门。

（4）产业频频传捷报，洋芋颗颗唱新曲。

（5）农家致富三件宝，洋芋畜草劳务好。

（6）一方水土马铃薯，四面物流出国门。

（7）百姓锄落刨金玉，黎元合唱致富歌。

（8）爱民奠基小康路，薯田谱写大文章。

（9）春种希望马铃薯，秋收硕果金蛋蛋。

(10) 广种洋芋拓富路，科技兴农开新天。

(11) 洋芋产业大发展，土豆文化更灿烂。

(12) 农业战线粮作帅，洋芋贵为先行官。

(13) 千年黄土变成金，万家灯火庆升平。

(14) 春阳高照暖四海，洋芋花开香万家。

(15) 做官一任民是本，芋田万亩薯为天。

(16) 洋芋工程奠富基，爱民日课写新章。

(17) 治安定造福一方，挖穷根薯富万家。

(18) 薯条薯片不厌百吃，素醇荤炒宴待千客。

(19) 种洋芋覆地地生金，靠科技翻天天更新。

(20) 种洋芋遍张王李赵，挖金蛋运东南西北。

(21) 黄土生金，千家门庭添福气；洋芋献岁，万里神州尽春风。

(22) 三大产业开盛纪，造一方福地；万亩薯田庆更新，保千年安定。

(23) 黄土镀金，天安地安县安定；薯田献岁，家和人和国和谐。

(24) 立治县长策，三大产业三财路；以科技兴农，一寸黄土一寸金。

(25) 洋芋精，念洋芋经，洋芋变成金；安定人，走安定路，安定穷变富。

(26) 保持品牌陇中薯乡誉满华夏；发挥优势定西洋芋远销海外。

(27) 减二千年税赋，山同乐，水同乐，神州同乐；种百万亩薯田，国安定，民安定，赤县安定。

(28) 曾为桑田，土豆养育斯民，充饥裹腹千百年；今逢盛世，金蛋跻身市场，建设小康万古长。

(五) 马铃薯题材的谚语、歇后语

(1) 甘薯马铃薯，同类不同储。

(2) 电线杆上插土豆——大小是个头

(3) 老母猪吃土豆——全仗嘴巴子厉害

(4) 母猪遛 (liù) 土豆——全凭一张嘴；全仗嘴

(5) 土豆下山——滚蛋

第二节　马铃薯主题摄影、书画、剪纸、雕塑作品

一、马铃薯主题摄影作品

为了庆祝 2008 年的“国际马铃薯年”，联合国在全世界范围内开展了一项以“捕捉土豆风采”为主题的摄影大赛，以此提升小土豆的形象。

据联合国粮食署介绍，这项比赛旨在突出马铃薯在抗击饥饿和贫困方面所发挥的重要作用，世界各地的摄影师可提交以土豆为主题的摄影作品。

联合国粮农组织块茎作物专家内班比 · 鲁塔拉迪奥说：“通过对马铃薯的研究，摄影师们会发现有很多可做题材。”粮农组织在一项声明中表示，作为“国际马铃薯年”的庆祝活动之一，这项摄影比赛将使“全世界进一步意识到马铃薯对农业、经济及世界粮食

安全所做出的重要贡献”。位于罗马的联合国粮农组织发出声明：“培育健全的马铃薯产业体系有助于世界各国实现千年发展目标。”该声明提出，摄影师们“要通过作品展现马铃薯的生物多样性、耕种方式、加工、贸易、推广、消费及用途，从而彰显‘国际马铃薯年’的精神”。

联合国粮农组织称，马铃薯是仅次于大米、小麦和玉米的世界第四大粮食作物，目前全世界共有 100 多个国家种植马铃薯，世界年产量超过 3 亿吨。

该摄影大赛由日本尼康相机制造公司提供赞助，分为专业组和业余组，奖金总额达到 7 200 欧元（合 1.1 万美元）。获奖结果如下：

（一）专业组获奖

一等奖：作者 Eitan Abramovich，国别秘鲁，作品：A《本地土豆的收获》；

二等奖：作者 Pablo Balbontin，国别西班牙：作品：B《生物多样化的保护者》；

三等奖：作者 Viktor Drachev，国别白俄罗斯，作品：C《吃土豆的白俄罗斯士兵们》。

（二）业余组获奖

一等奖：作者黄晞，国别中国，作品：D《无题》；

二等奖：作者 Dick Gerstmeijer，国别荷兰，作品：E《挖土豆》；

三等奖：作者 Marlene Singh，国别菲律宾，作品：F《竹船》。

二、马铃薯主题绘画作品

国内外马铃薯题材的绘画作品很多，但比较著名的是荷兰后印象派画家梵高，他似乎有着很浓的土豆情节，先后创作出《吃马铃薯的人》、《种土豆的人》、《种马铃薯的人》、《挖土豆的人》、《一篮土豆》、《挖土豆的农妇》等马铃薯主题作品，是名副其实的“马铃薯画家”。梵高的作品表现出了很强的农民情结，他似乎很想成为一位农民画家，其原因可能是受到“精神导师”米勒的影响，更重要的可能是内心深处对乡间生活的向往、对淳朴农民的尊敬和对诚实劳动的赞美。

马铃薯题材的主要绘画作品有：

1.《吃马铃薯的人》

《吃马铃薯的人》（荷兰文：De Aardappeleters，英文：The Potato Eaters）是荷兰后印象派画家文森特·威廉·梵高创作于 1885 年的一幅油画。该画现藏于阿姆斯特丹的梵高博物馆。这幅油画尺寸 82 厘米×114 厘米（32.3 英寸 × 44.9 英寸）。

在画里，梵高用粗陋的模特来显示真正的平民。画家自己说，“我想传达的观点是，借着一个油灯的光线，吃马铃薯的人用他们同一双在土地上工作的手从盘子里抓起马铃薯——他们诚实地自食其力。”画面充满了宗教情感和对农民的敬爱。

2.《祈祷土豆丰收》（又名《晚祷》）

米勒，19 世纪法国现实主义艺术大师，喜欢描绘农民生活，梵高的精神导师。梵高许多作品受其影响并临摹过其许多作品。《晚祷》是他最知名的作品之一。这幅画作于 1857 年时题目是“祈祷土豆丰收”，但是后来订画的人没来取货，米勒才又加了一座小小的教堂尖塔，更名为“晚祷”。

3.《颂扬马铃薯》系列画

日本艺术家 Tadayuki Noguchii 曾举办了一次马铃薯题材系列绘画作品展览。展览由秘鲁常驻粮农组织副代表 Felix Denegri 主持。Tadayuki Noguchii 在长达 25 年的时间里，用水彩和油彩记录了秘鲁中部高原马铃薯种植者的日常生活，重点描绘了他们的农业生态和文化遗产。

三、马铃薯题材剪纸

1.《让土豆飞》

2013 年，第五届中国（滕州）马铃薯节盛大举行。为庆祝该节，剪纸传承人石洪霞花费大量精力，剪出了一幅长达 3.25 米的《让土豆飞》，以表达自己的祝福。

整幅作品长 3.25 米、高 1.18 米，主体部分呈现的是凤凰携土豆展翅腾飞。图中，翱翔的凤凰回眸注视着土豆，看其在祥云中翩翩起舞，预示着这些让农民发家致富的“金蛋蛋”即将孵化出带动农村飞速发展的“金凤凰”。在凤之首和凰之尾，灵泉山与鲁班堤若隐若现、遥相呼应，续写着“凤赐福、土生金”的劳动神话，表达着“土豆飞起来，农民富起来”的淳朴愿望。作品左上方“让土豆飞”的主题十分醒目，“界河无界，土豆不土”的口号恰恰是对作品最好的写照。“贺中国（滕州）马铃薯节”的字样，表达着石洪霞祝福本届马铃薯节圆满成功的心情。整幅作品设计巧妙，寓意深刻，可以看出石洪霞用了多少心思。

2.《清明界河图》

2014 年，中国国际薯业博览会暨第六届中国（滕州）马铃薯节在滕州市盛大开幕。为庆祝“薯博会”的到来，滕州市“非遗传承人”石洪霞剪出《清明界河图》，表达自己喜悦的心情和对“薯博会”美好的祝愿。

整幅作品长 6.8 米、宽 0.68 米，展现了土豆诞生的一个神话传说。在祥云环绕、山清水秀的灵泉山下、界河之畔，“金蛋蛋”诞生了。

作品中间是座连接桥，一匹奔腾的骏马驰骋在桥上，马背上一只写有“丰”字图案的土豆，凌空欲飞，引人遐想；桥的上方龙泉塔高耸入云，倒映水中，美不胜收。桥的右边，凤尾凌空，庄稼地里展现出人们播种土豆的繁忙，洋溢着人们收获土豆的喜悦。背景图案是林立的高楼大厦，还有直插云霄的高架桥……作品的最后部分由一艘“中国梦”号巨轮承载着“我的中国梦”，在五星红旗的映照下迎着朝阳驶向美好远方。

3. 马铃薯从播种到收获的系列剪纸图

在 2008 第三届中国（宁夏·西海固）马铃薯节开幕式现场，举办了马铃薯书画作品展，作品中多为马铃薯从播种到收获的系列剪纸。

四、马铃薯主题雕塑

1. 世界最大的可食用土豆泥雕塑

2010 年 12 月 7 日，在浙江农林大学第四届美食节上，出现了一个大明星土豆。大约 2588 斤土豆，在 8 名厨师 6 个小时的精雕细琢下，做成一个宽 2.48 米、长 2.58 米、高 0.7 米的雕塑。再仔细一瞧，就是浙江农林大学校园全貌，有山有水，有绿有橙。这全部是土豆？厨师们揭秘说，主要材料是土豆，先做成冷盘，然后再用核桃仁、芝麻、松仁等和成泥，经蔬果汁调色后才达到这样惟妙惟肖的效果。

2.“中国马铃薯之都”标志性雕塑设计方案评选

2009 年 6 月 16 日下午，历时两个半月的“中国马铃薯之都”标志性雕塑设计方案征集、评选工作落下帷幕。此次活动 4 月 13 日在新浪网、中国雕塑网等网站公开发布了征集启示，在规定时间内共收到全国各地 52 幅雕塑作品，聘请了内蒙古自治区及乌兰察布市 14 位资深专家担任评委，作品展示采取现场图片展示和多媒体展示两种方式，评审采取无记名方式投票，现场公布投票结果，充分体现了公开、公平、公正的原则。通过评委的三轮认真评审，产生了 10 幅入围作品，从中评选出了 5 幅作品获得一、二、三等奖，分别为：

一等奖 1 件：作者王鹏瑞（内蒙古大学艺术学院教授、硕士生导师）和李亚平（内蒙古师范大学雕塑艺术研究院教授、硕士生导师）。

二等奖 2 件：作者武星宽、王鹏瑞。

三等奖 2 件：作者李亚平（内蒙古师范大学雕塑艺术研究院教授、硕士生导师）和王鹏瑞（内蒙古大学艺术学院教授、硕士生导师）；郭建文。

第三节　马铃薯题材的音乐、戏曲、影视等作品

一、马铃薯歌曲

目前传唱的马铃薯题材的歌曲主要有《大马铃薯》（［美］斯蒂芬·福斯特曲，刘知佳填词，手风琴音色）、《马铃薯》（白俄罗斯民歌，鲁美尔俄译，钱君伺、俞荻、曹永声译配）、《马铃薯》（俄罗斯民歌，格里戈良编）、《刨洋芋》（山西民歌，穆原编词）、《中国薯都》（孙志忠词，郭仔曲，李凯稠编曲，周晓明混音，草原兄妹演唱）、《妈妈的爱有多少斤》（陈庆祥词曲）、《地瓜马铃薯》（郑文高词）、《马铃薯之歌》（丁卫东、黄继红词，冯亚新曲，马慧茹演唱）、《洋芋花开》（李怀奎词），等等。

二、马铃薯舞蹈

许多国内外艺术家，以马铃薯为题材，编了许多舞蹈，如由陈春生、陈慧等编辑，皮之先插图，赵云鹏、郑剑华等整理的《马铃薯舞》等。现介绍如下。

《马铃薯舞》

编辑：陈春生、陈慧；插图：皮之先；整理：赵云鹏、郑剑华

1. 音乐

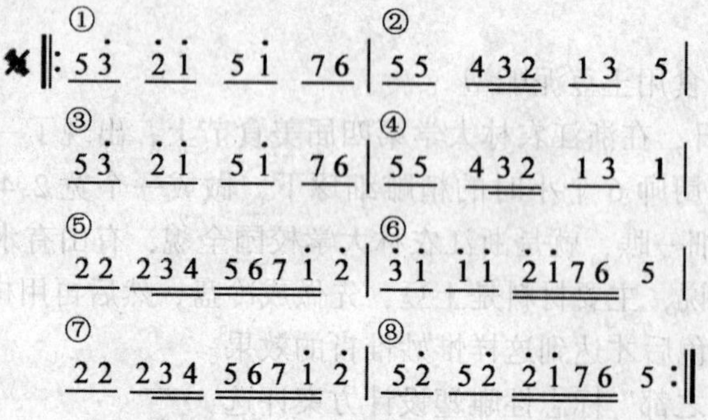

①　　　　　　　　②
𝄋 |: 53 21 51 76 | 55 432 13 5 |

③　　　　　　　　④
53 21 51 76 | 55 432 13 1 |

⑤　　　　　　　　⑥
22 234 5671 2 | 31 11 2176 5 |

⑦　　　　　　　　⑧
22 234 5671 2 | 52 52 2176 5 :||

2. 动作说明

动作一：准备，两脚自然并立。

第一拍：前半拍左脚向左侧走一步；后半拍后脚擦地向左脚靠拢，好像把左脚顺势击出，左脚也紧接着起步。如此反复七次，音乐七拍，在第七次时右脚不跟上，第八拍右脚向右伸出，脚跟着地，重心在左脚上。右脚起步时往右做，动作相同唯左右相反。不论左走或右走，身体总向走的方向倾斜。

动作二：

第一拍：左脚向左迈一步。

第二拍：右脚从左脚前向左迈一步。

第三拍：同第一拍。

第四拍：右脚向右伸出，脚跟落地，重心在左腿上，左膝微弯。

同样，右脚起往右做时动作相同，唯左右相反。

动作三：（即跑跳步）准备时双手叉腰，脚自然并立。

第一拍：右脚踏下，轻轻一跳，同时，左腿弯曲提起。

第二拍：左脚踏下，轻轻一跳，同时，右腿弯曲提起。

第三拍：与第一拍同。

第四拍：左脚在原地踏下，此动作左脚或右脚开始均可。

3. 舞法说明

下面是根据苏联马铃薯舞曲编写成的舞蹈，节奏稍快。跳舞时要活泼愉快，人数不限，但必须成双数，最好是男女各半，男在外圈，女在内圈。（以下在外圈者简称为甲，在内圈者简称为乙）预备时，两人双手相握，伸出于体侧，至与肩平。然后，一手低于肩，另一手高于肩，身体微向行走方向倾俯，甲用左脚跟着地，重心在右脚上，右膝微弯。乙用右脚跟着地，重心在左脚上，左膝微弯。

第一遍音乐：

第 1~2 小节：甲与乙同时做动作一一遍，唯乙用右脚开始，向右做，甲用左脚开始，向左做（见图 5-1）。

第 3~4 小节：动作同第 1~2 小节，唯方向相反（见图 5-2）。

图 5-1

图 5-2

第 5 小节：甲与乙同时做动作二一遍，唯乙用右脚开始，甲用左脚开始。

第 6 小节：动作同第 5 小节，唯方向相反。

第7小节：动作与第6小节相同。

第8小节：两人都做动作三，唯乙用右脚起往左做，甲用左脚起往右做（边跳边转一个圈），这样换一个位置，换位置时要看好对方的位置（见图5-3）

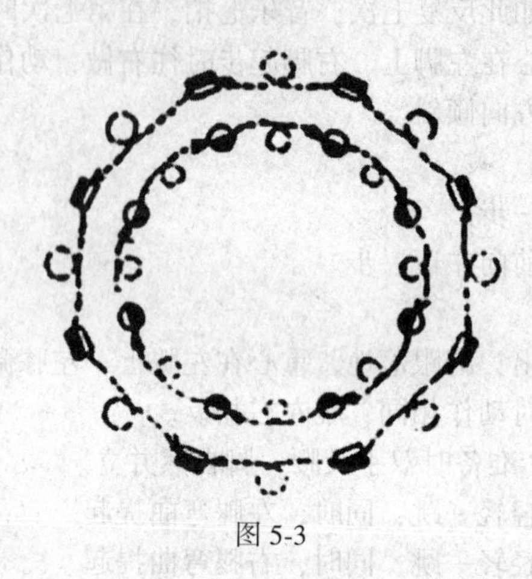

图5-3

这样甲乙都换了一个舞伴，音乐反复，舞蹈重新进行。

三、马铃薯题材的戏剧（秦腔剧）

1.《洋芋花开》

《洋芋花开》是由甘肃省定西市特邀甘肃省内著名剧作家、作曲家创编的大型现代秦剧，于2006年7月正式排演。

该剧是定西市多年来排演的首部大型现代剧目。全剧以定西市马铃薯产业发展为主线，充分展现了在市委、市政府领导下，各级党政组织依托资源优势，大力发展洋芋产业，带领广大群众脱贫致富奔小康的感人事迹。该剧立意新，场面宏大，编、导、作曲起点高，广泛运用了各种现代舞台技术。

2.《泛金的黄土地》

《泛金的黄土地》是定西市精心创作排演的大型现代秦剧，于2006年10月16日晚在定西市政府礼堂拉开首场演出的帷幕。

该剧由定西市委宣传部牵头，市文化出版局组织创作，市秦剧团负责排演。为了将该剧打造成思想性和艺术性相统一的舞台艺术精品，市委、市政府非常重视剧目的脚本创作、作曲、配器、舞美、灯光、音响以及编导排演工作，组成了强大的创作排演队伍，由甘肃省著名剧作家张万红（已故）、李应魁及定西市秦剧团团长杜建军创作剧本；由省剧协主席、省著名戏剧作曲家杨长春担任艺术指导并为该剧作曲配乐；由省陇剧团舞美设计师赵鹤林负责舞美设计工作。经过7个多月的艰苦努力，终于将该剧打造成了定西市秦剧舞台艺术中的一朵亮丽奇葩。该剧以马铃薯产业为主线，充分表现了在省委、省政府的领导和关心下，定西市、县、乡、村各级党组织大力发展壮大洋芋产业，带领老百姓脱贫致富的感人业绩。情节曲折动人，具有强烈的时代感和生活气息。

四、马铃薯题材的影视作品

1.《Spud》（《马铃薯》）

《Spud》（马铃薯三部曲）改编自南非作家 John van de Ruit 的同名系列儿童书籍，是由 Donovan Marsh 导演，并由 Troye Sivan（特洛耶·希文）领衔主演的励志喜剧。影片共有三部，分别为 Spud Ⅰ（马铃薯）、Spud Ⅱ（马铃薯 2 之疯狂无极限）、Spud Ⅲ（马铃薯毕业季之学会高飞）。Spud III 已于 2014 年 11 月 28 日登陆南非院线。

2.《蓝马铃薯》

《蓝马铃薯》讲述了 Casper（Emory Cohen 饰）和 Dominic（Callan McAuliffe 饰）这两位最好的朋友，彼此非常信任对方。在缅因州一个农业小镇里，他俩随着年龄的增长走向了不同的路：在丰收季，Casper 开始在墨西哥边界与其父亲 Clayton（Aidan Gillen 饰）走私毒品；与此同时，Dominic 正在忙碌着收获土豆，仅为赚更多钱买一辆车将自己带向更美好的未来。但随着 Casper 的生活逐渐暴露出真相之后，他们的友谊和忠诚开始备受考验，不得不让他们变得更成熟，来做出改变其人生轨迹的成熟决定。

五、马铃薯题材的邮票、供应票

（一）马铃薯题材的邮票

据不完全统计，全球发行马铃薯题材及相关人物的邮票多达 30 多张（套），其中主要的见表 5-1：

表 5-1　马铃薯题材的纪念邮票

序号	国家	时间	题材	内容
1	苏联	1964 年	赞誉一种叫“洛尔赫”的马铃薯品种	“洛尔赫”马铃薯
2	瑞士	1976 年	健康减肥	票图中列举的保证健康并有助于减肥的食物是绿叶菜、水果、胡萝卜和马铃薯
3	英国	1980 年	纪念英吉利海峡泽西岛成为英国皇家属地一百周年	票图描绘了岛上农民收获马铃薯的情景
4	秘鲁	1982 年	国际马铃薯中心成立十周年	票图右上角的圆形图案为该中心的标识
5	印度	1985 年	马铃薯研究 50 周年	马铃薯植株
6	玻利维亚	1995 年	联合国粮农组织成立 50 周年	农民在田里收获马铃薯的情形
7	德国	1997 年	纪念栽种马铃薯 350 周年	马铃薯植株及采收
8	加拿大	2000 年	千年纪	展示了该国大片马铃薯田和该国麦凯恩食品有限公司生产的炸薯条
9	美国	2000 年	科罗拉多马铃薯甲虫	马铃薯甲虫、成虫、幼虫
10	纳米比亚	2005 年	园艺	含马铃薯
11	德国	2008 年	国际马铃薯年	马铃薯画面，德文和英文

续表

序号	国家	时间	题材	内容
12	秘鲁	2008 年	国际马铃薯年	国际马铃薯年的标识，一只装满了马铃薯的碗，一个埋在泥土里的块茎，“国际马铃薯年”的西班牙文，国际马铃薯年的口号：被埋没的宝物
13	玻利维亚	2008 年	国际马铃薯年	全套 4 种，分别介绍了 4 种当地马铃薯品种，它们有着不同的皮色和形状，开着不同颜色的美丽小花
14	加拿大	2011 年	路边景物	一个巨大的马铃薯
15	丹麦	不详	马铃薯	马铃薯植株
16	爱尔兰	不详	纪念“大饥荒”	一种邮票展示一幅绘画，其中有一幅是一位妇女和她的孩子们绝望地搜寻着地里残留的土豆
17	日本	不详	北海道	马铃薯大田
18	朝鲜	不详	两江道大红湍郡	马铃薯植株及块茎

（二）马铃薯题材的供应票

20 世纪 50 年代至 80 年代，中国在特定时期发放过一些购物凭证，比如粮票、食用油票、布票等。粮票有全国粮票和省属粮票。内蒙古自治区呼和浩特市还发行了马铃薯供应票，见图 5-4。

图 5-4　马铃薯供应票

第六章　马铃薯逸闻趣事

根据马铃薯的来源、性味和形态，在国外，人们给马铃薯取了许多有趣的名字，例如：意大利人叫地豆，法国人叫地苹果，德国人叫地梨，美国人叫爱尔兰豆薯，俄国人叫荷兰薯。在国内不同地方，人们对马铃薯也有不同的叫法，比如，土豆、地豆、山药、洋山药、山药蛋、地蛋、土卵、洋芋、洋山芋、土芋、番芋、番人芋、香芋、洋番薯、荷兰薯、爪哇薯和番仔薯等，还有叫它鬼慈姑或番鬼慈姑的。但是，称它土豆、洋芋和山药蛋的最普遍。从马铃薯在不同地方的名字就可以看出，它在我国的种植，从南到北，从东到西，到处都有。

一、领袖、名人与马铃薯

1. 马克思与马铃薯

马克思曾说："19 世纪中叶的法国……每一个农户差不多都是自给自足的，都是直接生产自己的大部分消费品，因而他们取得生活资料多半是靠与自然交换，而不是靠与社会交往。一小块土地，一个农民和一个家庭；旁边是另一小块土地，另一个农民和另一个家庭。一批这样的单位就形成一个村子；一批这样的村子就形成一个省。这样，法国的广大群众，便是由一些同名数简单相加形成的，就像一袋马铃薯是由袋中的一个个马铃薯汇集而成的那样。数百万家庭的经济生活条件使他们的生活方式、利益和教育程度与其他阶级的生活方式、利益和教育程度各不相同并互相敌对，就这一点而言，他们是一个阶级。而各个小农彼此间只存在地域的联系，他们利益的同一性并不使他们彼此间形成共同关系，形成全国性的联系，形成政治组织，就这一点而言，他们又不是一个阶级……"①

2. 毛泽东与土豆烧牛肉

20 世纪 50 年代末，当时苏共总书记赫鲁晓夫访问匈牙利时，在一次群众集会上的讲话中说，到了共产主义，匈牙利就经常可以吃"古拉希"了。"古拉希"是匈牙利饭菜中一道颇具代表性的家常名菜，即把牛肉、土豆加上红辣椒和其他调料用小陶罐炖得烂烂的，汁水浓浓的，然后浇在米饭上，很好吃。匈牙利饭菜在欧洲很有名，欧洲人常用"古拉希"来称赞匈牙利饭菜，就像用"北京烤鸭"来称赞中国饭菜一样。

新华社《参考消息》编辑部的翻译们在翻译赫鲁晓夫这个讲话时，被"古拉希"这个词难住了。如果直译为"古拉希"，中国读者不知是何物，而在后面加上括号注解又嫌太长。《参考消息》每天出版很紧迫，后来几个编辑商量决定译为"土豆烧牛肉"。现在看来，这个译法不太确切，没有表达出这道菜在匈牙利饭菜中的代表性和广泛性，因而后来引起了不少的误解。

---

① 《马克思恩格斯文集》第 2 卷，第 566~567 页，人民出版社 2009 年 12 月。

赫鲁晓夫的这个说法，只是在群众集会上取悦匈牙利人的玩笑之词，并不是说共产主义的标准就是大家都能吃上土豆烧牛肉。当时中苏的论战很激烈，我们不少作者就在文章中引用了《参考消息》上的这种译法，批评苏共和赫鲁晓夫的“土豆烧牛肉共产主义”，因而为广大读者所熟知。

这一道普通的家常菜引来的是是非非还远不止这些。1958 年，中国搞“总路线、大跃进、人民公社”，塔斯社记者将这种情况向赫鲁晓夫作了汇报，或许是赫鲁晓夫对土豆烧牛肉情有独钟，就说了一句风凉话：中国的共产主义原来是大锅清水汤，苏联要搞共产主义，起码是土豆烧牛肉。

咱中国可是个饮食大国，东南西北都聚集着这么多各具特色的美食，能输给苏联老毛子的那道老是喋喋不休念叨的土豆烧牛肉吗？1965 年，毛泽东写了一首词《念奴娇·鸟儿问答》，其中有这么几句：“不见前年秋月朗，订了三家条约，还有吃的，土豆烧熟了，再加牛肉。不须放屁，试看天地翻覆。”这算是对赫鲁晓夫在 1958 年与英美签的美英苏条约和“土豆烧牛肉”风凉话的回应。

3. 陈独秀与马铃薯

当年，陈独秀隐姓埋名潜居上海，和一个楼道的女性潘兰珍相识。潘兰珍是烟草公司的工人，小陈独秀 30 岁。二人结婚，她成为陈独秀的第三任妻子。1932 年 10 月有人告密，陈独秀被捕。潘兰珍从报纸上才得知，自己的丈夫原来是赫赫有名的陈独秀。惊喜交加，感到终身没有误托。陈独秀坐牢 5 年，她送了 5 年的牢饭。

1938 年，他们夫妻由重庆搬到江津，生活十分艰难。一方面靠友人接济，另一方面自食其力种土豆。日常，主要以土豆充饥。1942 年，陈独秀脑溢血病故，家中别无长物，只有地上一堆自己种下的土豆和桌上奋笔疾书的一个条幅——“还我河山”。

二、国外马铃薯趣闻

（一）荷兰“国菜”——土豆、胡萝卜和洋葱

荷兰人民特别喜欢吃由胡萝卜、土豆和洋葱精心配制在一起的菜，他们称这种菜为“国菜”。这里还有一段有趣的传说。

1574 年 7 月初，西班牙侵略者包围了荷兰的美丽城市莱顿，城里的人们不畏强暴，顽强抵抗。荷兰的吉利莫尔亲王派人给城里人带来消息：为了有尽可能多的时间装备前来援助的舰队，全市军民必须坚守 3 个月。可是，3 个月过去了，由于连续干旱，海滩水位下降，舰队无法开进来。这时的莱顿城已经弹尽粮绝。不过老天有眼，天气突变，10 月 3 日这天下了一整天的大暴雨，水位猛涨，被阻在海滩上的舰队很快进入了莱顿城，西班牙人不战自溃，城市得救了。全城军民胜利后的唯一愿望，就是尽快找到一点能吃的东西充饥，人们纷纷向城外曾被敌军占据过的军营堑壕跑去。然而，西班牙军队在撤退时，把粮食全都带走了，仅剩下一点胡萝卜、土豆和洋葱，人们便不管三七二十一，把这些东西一锅烩了，津津有味地饱餐了一顿。处于死亡边缘的莱顿军民得救了。后来，荷兰人民就把这种菜定名为“国菜”，每年 10 月 3 日，全国人民都做这种菜吃，以纪念这段不平凡的历史。

（二）土豆与美国历史

1855—1856 年，爱尔兰土豆晚疫病全面爆发，收成全面减产，上百万爱尔兰人被

饿死，大约150万男女老幼踏上了逃荒之路，这就是著名的爱尔兰土豆大饥馑。这些爱尔兰人漂洋过海，来到美利坚合众国，美国人很同情他们的遭遇，特地放宽了移民政策。爱尔兰人不仅给美国增添了众多的人口，还带来了不同于当地人的信仰与文化。此后，意大利人、犹太人、俄国人、波兰人……源源不断地涌进美国。假如土豆没有被带到欧洲，假如土豆没有遭遇那场病菌袭击，假如没有那场饥荒，也许就不会有后来的这一场大迁徙。由此来看，美国成为今天这样一个多元文化的国家，土豆在其中功不可没。

（三）马铃薯——美籍爱尔兰人绕不开的情节

在爱尔兰本土居住着350万爱尔兰人，而在美国却有4000万爱尔兰裔的美国人，排在德裔和英裔美国人的后面，成为美国第三大欧洲移民族裔。导致这种情况的相关论述从经济到政治，从政府法令到宗教背景，汗牛充栋。但是，不管有多少人为的因素，这种情况毕竟和自然脱不开干系。这其中，最关键的角色是一种特殊的作物——马铃薯。

1.“爱尔兰大饥荒”

1845年，一种当时不为人知的病害使得爱尔兰岛的马铃薯受灾。这场灾害悄然而至，且来势凶猛，仿佛一夜之间，那些郁郁葱葱的田野就变成“草木皆烂，荒芜一片”。1846年9月，估计有四分之三的马铃薯收成被摧毁，而马铃薯是19世纪爱尔兰人赖以维持生计的唯一农作物，于是灾难降临了。“爱尔兰大饥荒”带来了可怕的后果。根据当时的人口普查，爱尔兰的人口在1851年已经减少到660万。如果考虑到自然增长，总的人口“赤字”达到240多万。

为了逃避饥荒，大批的爱尔兰人抛家舍业挤上开往北美的船只。美国人口统计数字显示，爱尔兰土豆饥荒爆发的第2年，即1846年，移民美国的爱尔兰人有92 482人；1847年猛增到196 224人；1848和1849年分别是173 744和204 771人；1850年为206 041人。从土豆饥荒开始的1845到1854年的10年间，大约有200万爱尔兰人移民美国，约占爱尔兰全国人口的四分之一。

2. 著名的美籍爱尔兰人

肯尼迪（Kennedy）是祖籍爱尔兰苏格兰地区的姓氏。而约翰·F. 肯尼迪（John F. Kennedy），美国第35任总统，是美国著名的肯尼迪家族成员。除此之外，比较著名的美籍爱尔兰人还有以下一些。

（1）约翰·巴里莫尔和埃塞尔·巴里莫尔（John and Ethel Barrymore）：杰出的戏剧和电影演员。

（2）查尔斯·卡洛尔（Charles Carroll）：1688年被任命为马里兰州的首席检察官，他的孙子签署了《独立宣言》。

（3）亨利·福特（Henry Ford）：创立了福特汽车公司。

（4）朱迪·加兰（Judy Garland）：演员、歌手，《绿野仙踪》中多萝西的扮演者。

（5）帕特里克·赫尔利（Patrick J. Hurley）：美国胡佛总统任内的陆军部长。

（6）阿奇博尔德·梅隆（Archibald Mellon）：梅隆家族的祖先，这个家族在工业、金融、教育和艺术资助领域都很杰出。

（7）奥古斯都·圣高登（Augustus Saint Gaudens）：19 世纪美国雕塑家。

（8）尤金奥涅尔：美国最有名的剧作家之一，诺贝尔文学奖获得者。

（9）费兹杰罗德：美国最好的小说之一《伟大的盖茨比》的作者。

（10）平克劳斯贝：美国 20 世纪四五十年代最有名的男中音歌唱家。

（11）爱德华·肯尼迪：在竞选总统时候被暗杀。

（12）罗伯特·肯尼迪：长期担任国会参议员，是民主党的重要领导成员。

（13）罗纳德·威尔逊·里根：第 40 任美国总统，祖上是爱尔兰人。

（14）威廉·杰斐逊·克林顿：第 42 任美国总统，有爱尔兰血统。

（15）詹姆斯霍本：著名的美籍爱尔兰人建筑师，美国总统府白宫的设计者。

（16）奥巴马：美国现任总统奥巴马的父亲是肯尼亚人，母亲安·邓纳姆是爱尔兰裔美国白人。邓纳姆的先祖法尔茅斯·卡尼出生于莫尼高尔镇，1850 年为躲避爱尔兰饥荒，前往美国谋生。

此外，还有有美国“劳动节之父”称号雄踞波士顿政坛近四十年的皮特·麦克奎尔（Peter McGuire），曾任波士顿市长和马萨诸塞州州长的詹姆斯·迈克·克利（James Michael Curley），1928 年民主党总统候选人、纽约州州长阿尔·史密斯（Al Smith）等，均是爱尔兰移民的后代。

（四）马铃薯构筑成的商业帝国

第二次世界大战爆发后，犹太人加龙省看到作战部队需要大量的脱水蔬菜，他意识到这是一个赚钱的机会，于是买下了当时美国最大的一家蔬菜脱水工厂。

买下工厂后，加龙省就专门加工脱水马铃薯供应军队，由此发了财。到了 20 世纪 50 年代初，有人研制出了冻炸薯条，却不被人们看好。因为马铃薯本身水分就占了 34%多，假如把它冷冻起来，肯定就会变成软糊糊的东西，这样恶心的东西谁会喜欢呢？

然而，加龙省却认为这是一种很有潜力的新产品，于是大量生产，产品问世后，果然很畅销，成为他主要的财源。

在经营中，加龙省发现，冷冻炸薯条太浪费马铃薯了，经过分类、去皮、切条和去掉斑点这几道工序，每个马铃薯只有一半可以用，剩下的都被当做垃圾扔了。

于是，加龙省将那些被当做垃圾的马铃薯变废为宝。他把这些剩余的马铃薯掺入谷物用来做牲口饲料，居然饲养了 15 万头牛。

小小的马铃薯，就构筑了加龙省的庞大商业帝国。现在，他每年销售 15 亿磅经过加工的马铃薯，并从马铃薯的综合利用中每年取得 12 亿美元的高额利润，成了当今世界上 100 个最有钱的人之一。

（五）美国汽车大王亨利·福特与土豆

亨利·福特，祖辈是传统爱尔兰人。在 19 世纪 40 年代，因为家乡流行马铃薯中毒和伤寒病，他祖父带领全家人远渡重洋，移民美国，定居在瀑布和沼泽遍布的迪尔本。等到福特降生的时候，他父亲威廉·福特已经是一个拥有 730 亩土地和一栋两层楼的农场主，并且正式成了美国公民。后来，福特有机会在美国大展拳脚，也有赖于土豆冥冥中给他指引道路。

三、国内马铃薯趣闻

（一）郎朗——从“东北马铃薯”到钢琴神童

从5岁获第一个奖，到现在公认的国际钢琴界的神童，郎朗的成功证明：没有哪个人是在生下来那一刻就被确认为天才神童的。

可朗朗曾被老师骂为“东北马铃薯”。当年，郎朗的父亲放弃在沈阳的演出事业，陪着郎朗来北京学钢琴———这位国际钢琴神童至今对那段北漂经历还记忆深刻。

“那时我还没进音乐学院，先在北京郊区租了房子，找了个老师。那老师不喜欢我，我怎么做都不对。他教了我什么，第二次我那么做，他说不对，再弹就又错了，每天我脑子都是‘你错了’，‘你不对’，‘你不好’，‘你不是’……我怎么努力都是错误的。然后说我不是搞音乐的料子，把我一会儿形容成木头，一会儿形容成东北土豆、马铃薯……我成了一废品了。”郎朗笑着回忆过去的这段经历。

（二）关于土豆的创业故事

刘新创立的沈阳小土豆餐饮有限公司，以小土豆酱菜为龙头，选用人们日常生活中经常食用的蔬菜为主料，突出色美味浓、盐香适口的特点，利用酱、炖、拌、炒等烹调方法，生产出了五大类150个品种的小土豆系列酱菜。

从1999年起，刘新的公司在北京、天津、吉林、内蒙古、河北、河南、陕西、深圳、江苏等地的分公司先后开张营业，如今在全国已发展131家连锁店，拥有资产1.86亿元，商品无形资产约1.56亿元，在中国商业联合会、中国餐饮协会、中国饭店协会评出的餐饮百强中名列第5位。

（三）马铃薯图谱

著名作家汪曾祺说，他曾经画过一部《中国马铃薯图谱》，那是在1958年，他当时被打成“右派”下放到张家口沙岭子农业科学研究所劳动。过了两年摘了“右派”帽子，结束了劳动，但一时没有地方可去，便留在研究所里打杂。研究所要画一套马铃薯图谱，把任务交给了他。所里有一个下属的马铃薯研究站，设在沽源。他便在张家口买了一些纸、笔、颜料，乘车前往沽源。这是他一生中的一部很奇怪的作品，原稿存在沙岭子农业科学研究所，据说图谱原来是打算出版的，但在“文革”中被毁了，所以我们今天是看不到汪曾祺老先生的这一作品了。

（四）马铃薯悬空种植技术

2007年奥运土豆悬空种植技术试点成功，土豆没栽在土里，却长在空气里！在昌平，一种悬空种植土豆的技术试点成功。该技术培育出来的微型土豆被作为奥运土豆的“种子选手”，在昌平山区推广种植。据介绍，这种“雾培脱毒微型土豆栽培技术”是从中国农科院引进的，主要用于土豆的育种环节。

参考文献

1. 陈建宪，孙正国，张静．文化学教程［M］（第2版），武汉：华中师范大学出版社，2011.

2. 杨启光，文化哲学导论［M］．广州：暨南大学出版社，1999.

3. 杨天林．远去的文明［M］．银川：宁夏人民出版社，2009.

4. 韩黎明，杨俊丰，景履贞，等．马铃薯产业原理技术［M］．北京：中国农业科学技术出版社，2010.

5. 王玉棠，等．农业的起源和发展［M］．南京：南京大学出版社，1996.

6. 郑南．美洲原产作物的传入及其对中国社会影响问题的研究［D］．浙江大学，2010：223.

7. 王强．中国马铃薯产业10年回顾（1998—2008）［M］．北京：中国农业科学技术出版社，2010.

8. ［德］Martina Kittler. 马铃薯［M］．杨婷琪，译．天津：天津科技翻译出版公司，2002.

9. ［美］Guenthner，J. F. 马铃薯［M］．吕博，刘永义，申亚玲，任伟宁，吕瑞香，译．北京：中国海关出版社，2004.

10. 刘芳．马铃薯加工需要什么设备［J］．农村百事通，2008，20：78.

11. W. 巴克尔，杨毅．现代马铃薯加工——道尔奥立弗公司的马铃薯加工．中国作物学会马铃薯专业委员会2001年年会论文集．

12. 檀子贞．红薯饮料的加工［J］．农业科技通讯，2001，11：32.

13. 张洪微，韩玉洁，冯传威．马铃薯淀粉的综合开发利用［J］．哈尔滨商业大学学报（自然科学版），2003，6：708-710.

14. 赵燕，胡金和，刘宗发，等．南昌马铃薯秋繁春用配套栽培技术试验［J］．中国马铃薯，2004，4：220-222.

15. 孙慧生．马铃薯育种学［M］．北京：中国农业出版社，2003.

16. 滕宗璠．中国马铃薯科学研究工作的40年主要成就［J］．马铃薯杂志，1989，3（3）：129-133.

17. 刘文秀．马铃薯加工业在中国的发展与未来［J］．定西科技，2007，4：3-5.

18. 翟乾祥．16~19世纪马铃薯在中国的传播［J］．中国科技史料，2004（1）：22-23.

19. 翟乾祥．马铃薯引种我国年代的初步探索［J］．中国农史，2001，20（2）：91-92.

20. 郝艳红．马铃薯栽培技术发展简史（1916—1991年）［J］．马铃薯杂志，1994，

4：229.

21. 陈伊里，屈冬玉．马铃薯种植与加工进展［M］．哈尔滨：哈尔滨工程大学出版社，2008.

22. 徐敏，金黎平，卞春松，等．中国马铃薯审定品种亲缘关系分析［A］．中国作物学会马铃薯专业委员会；全国农技中心．2007 年中国马铃薯大会（中国马铃薯专业委员会年会暨学术研讨会）、全国马铃薯免耕栽培现场观摩暨产业发展研讨会论文集［C］．中国作物学会马铃薯专业委员会，全国农技中心，2007：5.

23. 张丽莉，宿飞飞，陈伊里，等．我国马铃薯种质资源研究现状与育种方法［J］．中国马铃薯，2007，4：223-227.

24. 张庆柱，李旭，迟宏伟，等．我国马铃薯深加工现状及其发展建议［J］．农机化研究，2010，5：240-242.

25. 袁望冬．科技创新与社会发展［M］．长沙：湖南大学出版社，2007.

26. 王伟民，邵瑾，秦宗仓．当代科技哲学前沿问题研究［M］．北京：中央文献出版社，2007.

27. 宋芳．我国农民专业合作社的发展研究［D］．山东大学，2010. 5.

28. 王安国，朱世峰．加拿大马铃薯育种及良种繁育体系的考察报告［J］．中国马铃薯，1989，2：115-121.

29. 屈冬玉，金黎平，谢开云．中国马铃薯产业 10 年回顾（1998—2008）［M］. 北京：农业科学出版社．

30. 贾岷江，王鑫．近三十年国内饮食文化研究评述［J］．扬州大学烹饪学报，2009（3）：19-23.

31. 杜莉，孙俊秀．西方饮食文化［M］. 北京：中国轻工业出版社，2006.

32. 李景茹，高晶晶．炸薯条用原料马铃薯的特性研究［J］．吉林农业，2011（7）.

33. 杜连启．马铃薯食品加工技术［M］．北京：金盾出版社，2007.

34. 朱基富．浅谈饮食文化的民族性与涵摄性［J］．吉林商业高等专科学校学报，2005（4）：61-62.

35. 余世谦．中国饮食文化的民族传统［J］．复旦学报（社会科学版），2002（5）：118-123，131.

36. 丁祖永，黄彦．世界报刊选萃（1）［M］．北京：新华出版社，1989.

37. 杨学文．土豆天下［M］．兰州：甘肃民族出版社，2009.

38. 金涛．窗外的风景［M］．合肥：安徽教育出版社，2000.

39. 骆祖望，施宗靖，季敏．企业公共关系学［M］．天津：天津人民出版社，1989.

40. 邓伟志，胡申生．中国学生必读文库社会卷（下卷）［M］．天津：天津教育出版社，2000.

41. 魏延安．陕西省马铃薯产业发展研究［M］．西安：陕西科学技术出版社．

42. 杨少青．山川秀美话桑麻　固原生态农业建设巡礼［M］．银川：宁夏人民出版社，2007.

43. 黄玉成，王蕾，陈成军．失落的经典——印加人及其祖先珍宝精粹［M］．义井丰，王蕾，摄影．北京：中国社会科学出版社，2006.

44. 李柏光，编译．犹太人的智慧［M］．西安：陕西师范大学出版社，2009.
45. 罗文琴．儿童电子琴启蒙（下）［M］．上海：上海音乐出版社，2002.
46. 马剑华．舞蹈曲选［M］．上海：上海文化出版社，1957.
47. 赵薇．学琴之路第 3 册小提琴综合教程［M］．北京：人民音乐出版社，1992.
48. 储望华．中外通俗名曲四手联弹［M］．合肥：安徽文艺出版社，2010.
49. 刘天礼．火爆金曲（配有吉他和弦）［M］．北京：蓝天出版社，2005.
50. 刘素丽，张满弓，简冬琼．美术博览（第 1 册）［M］．乌鲁木齐：新疆青少年出版社，1999.
51. 凡夫．廉政寓言［M］．北京：中国方正出版社，2014.
52. 余式厚．逻辑盛宴：名家名题［M］．北京：北京大学出版社，2012.
53. 刘绪恒．成功者的心理素质［M］．上海：上海人民出版社，2001.
54. 新开心作文研究中心．小学生限字作文 600 字（精选升级版）［M］．长沙：湖南少年儿童出版社，2008.
55. 单留．别拿土豆不当干粮［J］．上海集邮，2016（1）：23-27.
56. 王晗．穿过手掌的风［M］．北京：金城出版社，2002.
57. 汪曾祺．无事此静坐［M］．沈阳：辽宁人民出版社，2007.
58. 轩辕楚．人生不可不知的经济学［M］．北京：中国戏剧出版社，2007.